El Nuevo Libro de las

ARDILLAS

El Nuevo Libro de las ARDILLAS

Michael Mettler

TIKAL
ediciones

Editora
Laura Salomó

Director de la colección
Salvador Gómez-Toldrà

Revisión de textos
Teresa Goizueta,
Ferran Fernández, Darío Giménez

Composición
Cristina Brugué
Julio P. Fernández
Roger Fotocomposició (Figueres)

Diseño gráfico
Antonio Tello

Tikal Ediciones
Plaza Romà Piera Arcal, 4, 3.º A
E-08330 Premià de Mar (Barcelona)
Tel.: 937 521 314
Fax: 937 523 141
tikal.susaeta@nexo.es
Impreso en la UE

AGRADECIMIENTOS

A Ralf Narres, de Wuppertal (Alemania), por su aportación activa a este libro. Y, muy especialmente, a Floor van Hoek, de Capelle del Ijssel (Holanda), que me ha permitido fotografiar numerosas especies de ardillas. Van Hoek ha contribuido, también, proporcionándome una valiosa información sobre los cuidados y la cría de estos animales.

ÍNDICE

CUARTA PARTE

QUINTA PARTE

SEXTA PARTE

SÉPTIMA PARTE

APÉNDICE

INTRODUCCIÓN

¿Son adecuadas las ardillas como animales de compañía?

La tenencia de animales en general, y la de animales salvajes en particular, encuentra cada vez más críticas entre algunos sectores de la sociedad. De aquí la idea de iniciar el libro enlazando el importante aspecto de la aptitud de las ardillas como animales de compañía con el de la protección de las especies.

Dejando a un lado las especies de ardillas muy especializadas en lo referente a la alimentación, cuya base alimentaria puede depender en parte de una única especie de planta, el resto de las ardillas son idóneas como animales de compañía si se tienen en cuenta y se respetan sus necesidades vitales.

Aunque en este libro se tratan otras especies de ardillas, además de la conocida ardilla estriada, he prescindido, expresamente, de las que han planteado y plantean dificultades, incluso a los especialistas.

El cuidado de estas especies excedería, en cualquier caso, las capacidades del aficionado medio.

No obstante, la parte principal del libro está dedicada a la ardilla estriada, que se cuenta desde hace mucho tiempo entre los animales de compañía más apreciados. La facilidad con que se satisfacen sus necesidades la convierte en un animal adecuado incluso para los principiantes en la tenencia de ardillas.

Tenencia de ardillas y protección de especies

Aquellos que no han tenido nunca nada que ver con la tenencia de especies protegidas seguramente desconocen la problemática que sigue. Por esta razón, voy a abundar un poco en el tema, con el ruego de no obviar este capítulo por considerarlo no interesante. Debido a que, de un tiempo a esta parte, la normativa sobre tenencia de animales se revisa muy a menudo, y es cada vez más rigurosa, es muy posible que una especie de venta en las tiendas de animales sea ilegal al día siguiente y no pueda tenerse más, o pueda hacerse bajo condiciones muy estrictas. Los poseedores de estos animales, las protectoras y los legislado-

Aunque las ardillas estriadas son idóneas como animales de compañía, tienen más necesidades que otros animales pequeños

res continuarán discutiendo estas leyes durante mucho tiempo.

Se han celebrado seminarios y congresos, y se han publicado folletos cuyo contenido no puede reproducirse de forma sucinta en este libro. Por esta razón, voy a citar solamente aquellos puntos que se me antojan significativos para la tenencia de ardillas.

En primer lugar, conviene tener presente que, pese a decenios de convivencia con el ser humano, la ardilla estriada continúa siendo un verdadero animal salvaje (naturalmente, esto vale también para las especies de ardillas menos habituales). En este punto, se distingue de los clásicos animales de caricias como, por ejemplo, el conejo, el hámster dorado y el cobaya. Estas tres especies están domesticadas, es decir, se han obtenido mediante la selección específica de unas determinadas características, a partir de la forma salvaje original, para la explotación por parte del hombre. La palabra explotación irritará, seguramente, a más de uno, pero es preciso recordar que las tres especies señaladas son animales de compañía desde hace relativamente poco tiempo. Los conejos y los cobayas se utilizaban, originalmente, como fuente de carne; el hámster, como animal de laboratorio. Sin embargo, los criterios para determinar si un animal está o no domesticado no se dan en el caso de la ardilla estriada; las características incluyen, entre otras cosas, cambios en las proporciones del cráneo, la longitud de las extremidades, el tamaño del cuerpo, el pelaje y la pigmentación (todos los tonos de color diferentes del natural y las variantes angora).

La razón de que no estén domesticadas es que no se ha realizado una cría selectiva durante varias generaciones. Las ardillas no se crían para obtener carne o pieles, y menos todavía como animales de laboratorio y de labor. Ésta es la pequeña diferencia entre un animal doméstico y un animal de compañía. La cría de ardillas es muy poco frecuente, a diferencia de lo que ocurre con otros animales de compañía. Éste es un problema sobre el que volveré más adelante.

Mientras tanto, ha ido tejiéndose alrededor de la tenencia de animales salvajes una intrincada red de ordenanzas y de reglamentos, en parte, incluso, contradictorios. Así, aunque la tenencia, conforme con las necesidades de la especie, es una obligación, no existe todavía una definición técnica exacta del término conformidad, y muchos de los que se vanaglorian de ser amigos y protectores de los animales toman, equivocadamente, las necesidades humanas como base. El organismo competente en materia de tenencia de animales salvajes puede prohibir, también, la reproducción en cautividad de una especie protegida, obligando, por ejemplo, a tener a los machos separados siempre de las hembras. Sin embargo, la reproducción es una necesidad natural de los animales; de lo contrario, hace tiempo que habrían desaparecido de la Tierra. Por tanto, el organismo competente anima a hacer exactamente lo contrario de lo que establece y tiene por misión controlar.

La idea original de las leyes actuales fue limitar y controlar la explotación comercial, es decir, el comercio de las especies en peligro (Reglamento de la Unión Europea, Convenio de Protección de Especies de Washington). Desafortunadamente, ha habido protectoras de animales radicales (a las que, a diferencia de los defensores de la naturaleza, les interesa solamente el bienestar del animal como individuo, no el de la naturaleza en su conjunto) que, con la ayuda de algunos políticos, influidos, a su vez, por las mismas, han conseguido tergiversar el sentido de los reglamentos, de manera que la tenencia de un animal salvaje resulte cada vez más difícil, con el objetivo de prohibirla completamente en el futuro.

La ardilla gigante de Malasia *(Ratufa bicolor)* pertenece a las pocas especies de ardilla protegidas, recogidas en la normativa internacional de protección de especies

De esta forma, se llega, por ejemplo, a la situación fatal de que muchas especies animales que pueblan los bosques tropicales están totalmente protegidas; su tenencia y su reproducción sólo se permite a los oficiales de protección natural y bajo un estricto control, mientras los bosques son talados sin contemplaciones. Sin embargo, los animales protegidos no pueden sobrevivir sin su hábitat natural. ¿De qué le sirve al orangután estar protegido si la industria maderera corta la rama en la que descansa? En el campo de arroz, sembrado después del roturado, no hallará, desde luego, las condiciones que necesita para sobrevivir.

Los criadores responsables y los parques zoológicos pueden ofrecer refugio a los animales amenazados y salvar la especie mediante una cría adecuada, con vistas a la conservación. Puede que, en el futuro, sea posible liberar a los animales en sus hábitats de origen, si es que estos espacios naturales llegan a recuperarse alguna vez después de la fase de explotación por parte del hombre.

Los obstinados protectores de los animales rechazan la cría en cautividad, porque, en su opinión, para estos animales es mejor extinguirse con dignidad en sus respectivos hábitats. El carácter superficial de este punto de vista queda patente si analizamos el proceso de extinción. ¿Dónde queda la dignidad de los animales si la roturación y las aplanadoras los despojan y los ahuyentan de sus refugios, y, finalmente, tienen que morir de hambre en un ambiente transformado al que no están adaptados?

Sin embargo, la tenencia de animales salvajes todavía no está prohibida generalmente. Todo propietario que se considere responsable debería interceder en favor de la cría en cautividad. Cada especie que pueda salvarse de esta forma representa un argumento más en contra de la postura recalcitrante de algunos protectores de animales.

Bien, después de este rodeo, que considero necesario, vuelvo de nuevo sobre nuestras protagonistas, las ardillas. Hasta ahora, son pocas las especies de ardillas oficialmente protegidas. Sin embargo, cabe esperar un aumento del número a raíz, por ejemplo, de la deforestación de los bosques tropicales del sudeste de Asia, que dan cobijo a numerosas especies de ardillas.

En el momento de redactar este libro , las especies de ardillas consideradas en los diferentes reglamentos de protección válidos en Europa son las siguientes:

- Ardilla común *(Sciurus vulgaris)*.
- Suslik europeo *(Citellus citellus* o *Spermophilus citellus)*.
- Perrillo de las praderas mexicano *(Cynomys mexicanus)*.
- Ardilla terrestre de cuatro rayas *(Lariscus hosei)*.
- Ardilla gigante asiática (todas las especies del género *Ratufa)*.

La ardilla común también forma parte de la lista de animales protegidos

Para importar, exportar, tener, criar y comercializar ardillas pertenecientes a estas especies, es preciso disponer del permiso oficial correspondiente. Los tenedores de estas especies están obligados a notificar al organismo local competente en materia de conservación de la naturaleza cualquier cambio en el número de individuos, ya sean adquisiciones, traspasos, muertes o nacimientos. La forma de la notificación depende del país, por lo que recomiendo solicitar una documentación detallada al organismo correspondiente.

Salvo si se es propietario de un zoológico privado o se crían animales extremadamente prolíficos, el papeleo ligado a la tenencia de una especie protegida no debería ser motivo de desaliento para los propietarios responsables. Esto no significa, sin embargo, que se deba estar conforme con todos los proyectos de reglamentación adicionales de los organismos oficiales. Por tanto, todo propietario de animales salvajes debe llevar al día la documentación de sus animales y, sobre todo, adquirir los conocimientos necesarios sobre sus costumbres, así como conocer el nombre científico en latín. Algunos comerciantes intentan embaucar a los compradores ignorantes, inventándose nombres fantásticos, para colocar animales protegidos. Hace años, encontré, por ejemplo, una tienda en la que se vendían lirones bajo el nombre engañoso de ardillas enanas. Resulta que los lirones no solamente no son ardillas, sino que, además, están protegidos y su comercialización está restringida.

Bajo el nombre de ardillas estriadas, se ocultan, a menudo, otras especies, generalmente ardillas de las palmeras (género *Funambulus*). La razón es que existen docenas de pequeñas especies de ardillas con franjas longitudinales en su pelaje que resultan prácticamente imposibles de diferenciar para el profano. Si bien es cierto que, salvo la ardilla de cuatro rayas, ninguna de las otras especies está todavía protegida, la situación puede cambiar rápidamente. Las diferentes especies se distinguen, también, por sus necesidades vitales, de forma que es preciso conocerlas a fondo si se desea evitar bajas a causa de cuidados incorrectos. La ardilla de las palmeras, por ejemplo, es una ardilla tropical (a diferencia de la ardilla estriada común) y se alimenta, preferentemente, de frutos. Por tanto, necesita un ambiente más cálido y una alimentación completamente diferente para estar a gusto.

La tenencia responsable de ardillas incluye la reproducción. Lamentablemente, la mayoría de las ardillas estriadas que pueden comprarse en los

El conocimiento de las especies es fundamental para el tenedor de ardillas. Esta ardilla de las palmeras del Norte se comercializa, a menudo, como ardilla...

... estriada, aunque sus necesidades son completamente diferentes a las de la ardilla estriada auténtica. Precaución, por tanto, con las confusiones

comercios y, por supuesto, las demás especies de ardillas son capturadas en sus hábitats naturales. Las ardillas estriadas proceden, normalmente, de Japón y de Corea del Sur.

Para criar ardillas, se necesita, ante todo, espacio, razón por la que muchos aficionados renuncian al intento y prefieren cuidar un solo ejemplar. Sin embargo, esto continúa fomentando la importación de estos animales, a costa de las poblaciones naturales.

Por este motivo, me dirijo a los propietarios de ardillas con el ruego de que intenten asegurar su reproducción. Incluso si no se dispone de espacio para más de una jaula de ardillas, la cría puede acordarse con algún otro aficionado que tenga un animal del sexo contrario y de la misma especie. Si los animales se juntan en la época de apareamiento, hay grandes posibilidades de obtener descendencia. Bastaría con que cada hembra de ardilla estriada que está en manos de un aficionado consiguiera criar con éxito una sola camada para contribuir eficazmente a la conservación de la especie en cautividad.

PRIMERA PARTE

LA FAMILIA DE LAS ARDILLAS

Las ardillas desde la perspectiva zoológica

Dentro del orden de los roedores, las ardillas forman un grupo claramente definido. Con la excepción de unas pocas especies, la ardilla es fácil de reconocer como tal, incluso para los profanos en la materia. Aunque resulte sorprendente, los esciuriformes se consideran un grupo de roedores muy antiguo en términos de filogenia. Su árbol genealógico se remonta mucho más atrás en el tiempo que, por ejemplo, el de los ratones.

A quien la sistemática zoológica se le antoje demasiado árida puede pasar por alto tranquilamente los siguientes párrafos. Para los interesados, sin embargo, merece la pena describir brevemente la posición de las ardillas en el reino animal.

Los esciuriformes *(Sciuromorpha)* forman un suborden de los roedores *(Rodentia)*. Abarcan dos familias, de las cuales una es monotípica (es decir, se compone de un solo género y de una sola especie). Esta familia, las ardillas de cola truncada *(Aplodontidae)*, carece, por otra parte, de interés para la cría de ardillas, porque su único representante, la ardilla de cola truncada americana (conocida también como ardilla castor o castor de montaña) no se encuentra en las tiendas.

Por el contrario, es interesante para el aficionado la gran familia de las ardillas *(Sciuridae)*, con, aproximadamente, 260 especies distribuidas en casi todo el mundo. Los únicos continentes donde falta la ardilla son Australia y la Antártida. La familia de las ardillas se divide en dos subfamilias, los *Sciurinae* (ardillas terrestres y ardillas arborícolas) y los *Petauristinae* (ardillas planeadoras). La mayoría de las especies de ardillas criadas en cautividad pertenecen a la primera, igual que la ardilla estriada asiática, protagonista de este libro. Cada subfamilia se compone de varios géneros, y éstos, a su vez, contienen una o más especies con mayor relación de parentesco. Dentro de algunas especies, pueden aparecer variantes geográfi-

Las ardillas forman un grupo de animales bastante uniforme y antiguo, en términos filogenéticos

cas que se denominan subespecies (o, de forma incorrecta, razas).

Tomemos, por ejemplo, la ardilla estriada que vive en Japón. La posición que ocupa en el orden de los roedores se clasifica de la forma siguiente:

- Suborden: esciuriformes *(Sciuromorpha)*.
- Familia: ardillas *(Sciuridae)*.
- Subfamilia: ardillas terrestres y ardillas arborícolas *(Sciurinae)*.
- Grupo de géneros: ardillas terrestres *(Marmotini)*.
- Género: chipmunk *(Tamias)*.
- Subgénero: chipmunk asiático *(Eutamias)*.
- Especie: ardilla estriada asiática *(Tamias [Eutamias] sibiricus)*.
- Subespecie: ardilla estriada japonesa *(Tamias [Eutamias] sibiricus lineatus)*.

Si bien es cierto que, para un lego en la materia, puede resultar complicada esta clasificación, como interesado propietario de ardillas, es conveniente familiarizarse con las relaciones sistemáticas representadas, puesto que en la bibliografía especializada aparecen continuamente conceptos como género, subespecie, etcétera. Por otra parte, es importante saber que, si bien las subespecies de una misma especie son capaces de reproducirse entre sí, en la práctica pueden surgir problemas. A raíz de su origen geográfico diferente, los animales pueden, por ejemplo, entrar en celo en épocas del año distintas o necesitan otras condiciones para el apareamiento. Por tanto, si no desea limitar su interés a una única ardilla, recomiendo la lectura de una buena enciclopedia de animales como introducción al tema.

Ardillas terrestres

Si ha leído la tabla sistemática del capítulo precedente, seguramente se habrá percatado de que se habla de las ardillas estriadas como ardillas terrestres. Esto puede parecer chocante, pero es, desde luego, correcto.

Las marmotas y las ardillas, grupos estrechamente emparentados, no se diferencian sobre la base de su hábitat preferente, sino tomando como referencia el lugar donde construyen sus nidos en condiciones naturales.

La ardilla estriada asiática, también llamada burunduk, vive e hiberna en galerías subterráneas en su hábitat natural. Sin embargo, trepa extraordinariamente bien si se compara con las demás marmotas; habilidad que aprovecha a la hora de buscar alimento y de escapar de situaciones de peligro. Por consiguiente, el burunduk, al igual que las demás especies de chipmunks, están situadas a medio camino entre las marmotas y las ardillas. Es la

Los parientes más próximos de la ardilla estriada asiática son los chipmunks norteamericanos (en la fotografía, un chipmunk del Este)

única especie del género distribuida en Asia; todas las demás especies de chipmunks viven en América del Norte, donde han servido de modelo para los simpáticos dibujos animados *Chip y Chap*, de Walt Disney.

Las más grandes y pesadas de todas las ardillas también son terrestres, aunque en su nombre no figure la palabra ardilla: las marmotas. Si uno se imagina la grácil ardilla estriada junto a la voluminosa y corpulenta marmota común, cuesta identificar alguna relación de parentesco. Sin embargo, encontramos nexos casi continuos en relación con el tamaño y la forma si nos fijamos en dos géneros diferentes de ardillas terrestres: los susliks y los perrillos de las praderas. Pese a que el nombre de estos últimos, derivado de la especie de ladrido que emiten, pueda crear confusión, son, ciertamente, roedores auténticos. Puede que los haya visto en el zoológico, donde suelen tenerse en recintos al aire libre. Los susliks son más raros de ver en parques zoológicos y como animales de compañía, puesto que son muy difíciles de adquirir en los comercios. Con todo, entre sus filas, se encuentan especies muy atractivas, como el suslik de manto dorado y el suslik estriado. Antaño, se incluían también en este grupo las ardillas antílope, que hoy en día se consideran un género aparte.

Todos los géneros mencionados hasta el momento (las marmotas, los

La marmota común es también una ardilla, aunque de gran tamaño

Los especímenes adultos, por el contrario, alcanzan el tamaño de un cobaya y ofrecen un aspecto realmente corpulento, a causa de las reservas de grasa para el invierno

perrillos de las praderas, los susliks, las ardillas antílope y los chipmunks) se distribuyen, exclusivamente, en el hemisferio norte, y despliegan la máxima diversidad en Asia oriental y en Norteamérica.

En nuestro continente, el área de distribución principal se sitúa en la actualidad en la Europa del Este, donde encontramos también otras dos especies de suslik: el suslik enano y el suslik perlado (con su particular moteado blanco). Entre las marmotas, puebla el suelo europeo la conocida marmota común. La marmota bobak (o marmota esteparia asiática) solamente aparece en los límites de nuestro continente.

Los perrillos de las praderas y las ardillas antílope están distribuidas, únicamente, en América, mientras que los chipmunks pueden encontrarse también en Europa. Los animales liberados o escapados han dado origen a las poblaciones de ardilla estriada asiática, que se han establecido en algunas regiones europeas. Todas proceden de animales importados de Corea del Sur y de Japón. No obstante, esta ardilla ha sido capaz de pisar suelo europeo también sin la intervención humana. Proveniente de Siberia, se ha extendido, entre tanto, hasta Finlandia y, actualmente, forma parte de la fauna natural del norte de Europa. Animales escapados han sido, nuevamente, los fundadores de una población de chipmunks orientales (chipmunk del Este), originaria de Norteamérica, que reside en el recinto zoo-

Los ejemplares juveniles de perrillos de las praderas se asemejan mucho todavía a sus parientes más cercanos, los susliks

lógico de Wuppertal (Alemania), pero que hasta la fecha apenas se ha extendido.

Otro grupo de ardillas terrestres, las africanas, puebla algunas zonas del continente africano. Quien haya viajado por África oriental a lo mejor ha podido ver a estos animales, puesto que han avanzado hasta las inmediaciones de las instalaciones hoteleras de los parques naturales de Kenia y de Tanzania.

Ardillas arborícolas

Este grupo engloba todas las especies que consideramos ardillas clásicas por excelencia, el arquetipo de nuestra ardilla común.

Sin embargo, la ardilla común es, efectivamente, una especie altamente evolucionada y especializada y, al mismo tiempo, la única ardilla arborícola originaria de Europa. La ardilla gris, que ha colonizado Inglaterra, desplazando en gran medida a la ardilla común, es originaria de Norteamérica, hogar de un número considerable de especies de ardillas arborícolas.

Con todo, el núcleo de expansión de las ardillas arborícolas hay que buscarlo en el sudeste asiático, lugar donde se originaron las ardillas hace millones de años y desde donde se difundieron, en sucesivas oleadas, a los demás continentes. La rama principal de la expansión las llevó al Norte, al este de Asia. Cruzando el istmo que entonces unía todavía el estrecho de Behring, las ardillas migraron a Norteamérica, para avanzar después hasta la parte septentrional de Sudamérica (en la parte meridional del subcontinente, no hay ardillas). El mismo camino lo tomaron, también, otros animales cuya cuna hay que buscar en el sur de Asia, como, por ejemplo, los ciervos (el wapiti norteamericano) y los bóvidos (el bisonte). La expansión hacia el noroeste, en dirección a Asia central y a Europa, no fue exclusiva de las ardillas. Parientes cercanos de los ungulados, concretamente el ciervo común y el bisonte europeo, siguieron la misma ruta. Para los animales habi-

La ardilla por antonomasia: nuestra ardilla común. En la foto, en su color negro

tantes de los bosques, las extensas estepas del interior del continente asiático representaban, sin embargo, un obstáculo prácticamente infranqueable. Por esta razón, han llegado a Europa varias especies de ardillas terrestres, habitantes de espacios abiertos. La ardilla común es, por otra parte, el único representante de las ardillas arborícolas que ha llegado a Europa, seguramente dando un rodeo por la taiga siberiana. Por cierto: el ciervo común y el bisonte europeo descienden de pobladores esteparios, de forma que no tuvieron que superar ningún obstáculo. No fue hasta después de llegar a Europa que se adaptaron a la vida en los bosques.

La tercera oleada expansiva de las ardillas las llevó a través de Oriente Próximo y del Sahara (entonces todavía verde), hasta África, donde viven actualmente ardillas arborícolas de todos los tamaños y modos de vida. Éstas son extremadamente raras de ver en las tiendas.

Solamente la ardilla estriada africana o funámbula, que en ocasiones puede encontrarse en los comercios, desempeña un papel como animal de compañía.

Incluso las ardillas norteamericanas rara vez se ven en nuestras tiendas, importándose, a lo sumo, la ardilla gris, establecida en Inglaterra.

Principalmente, se comercializan ardillas arborícolas del sudeste asiático, distribuidas, sobre todo, en dos géneros.

Por una parte, tenemos la ardilla de las palmeras, que suele confundirse con la ardilla estriada por su semejanza con ésta. Hay comerciantes ignorantes que llegan a venderla como tal, aunque su modo de vida y sus hábitos alimenticios son diferentes de los de sus lejanos parientes. Las ardillas de las palmeras acostumbran a alimentarse de frutos y son animales huidizos, cuando no nocturnos.

El segundo género se refiere a las ardillas arborícolas asiáticas, que engloban especies, en parte, con colores muy atractivos. En los comercios, encontramos, principalmente, dos especies: la ardilla de Prevost (de pelaje negro/blanco/rojo) y la ardilla de Finlayson (de coloración muy variable). Las ardillas de este grupo son anima-

La ardilla de Prevost exhibe un magnífico despliegue de colores

les fáciles de cuidar, vivaces y atractivos, cuya reproducción merece todos nuestros esfuerzos. Puesto que con la deforestación de las selvas del sudeste de Asia desaparece también su hábitat natural, no sería responsable continuar importando estos animales si no queremos acelerar su extinción.

Ardillas planeadoras

Estos fascinantes animales, las únicas ardillas estrictamente nocturnas, se caracterizan por desplazarse de un modo poco corriente. La piel de sus flancos forma un pliegue que se tensa cuando separan sus extremidades, y actúa como paracaídas. Una ardilla planeadora que salta de un árbol planea en el aire utilizando la cola como timón y, si el viento es favorable, puede, incluso, ganar altura y aterrizar en otro árbol. Sin la ayuda del viento, existe, naturalmente, un cierto ángulo de caída que, dependiendo de la altura y del lugar de partida (por ejemplo, un árbol en una pendiente), permite realizar, solamente, vuelos cortos. No obstante, el vuelo planeado más largo conocido es de unos 400 metros.

Estos animales reciben también el nombre de ardillas voladoras. Sin embargo, la denominación es incorrecta, porque no vuelan activamente, solamente planean. Estas ardillas viven en el sudeste asiático y sus tamaños van desde el de un ratón al de un gato. Un claro ejemplo lo tenemos en la ardilla planeadora gigante (taguan).

Ardilla planeadora eurasiática

Esta especie ha conseguido extenderse hasta Europa, pasando por las regiones de la taiga del norte de Asia. Pese a que su área de distribución se solapa, en gran parte, con la de la ardilla estriada asiática y a que el tipo de alimentación de ambas especies es muy semejante, no compiten entre ellas; cuando la ardilla estriada, animal diurno, se retira a su madriguera subterránea con la caída del crepúsculo, la ardilla planeadora, que habita en los huecos de los árboles, se hace cargo del turno de noche, por así decirlo. La planeadora europea es extraordinariamente difícil de adquirir.

Más fácil de obtener es una de las dos pequeñas especies procedentes de Norteamérica, el assapan. Esta ardilla, del tamaño de un hámster dorado, es muy apreciada como animal de compañía en su país de origen, pero se exporta comparativamente poco.

Ardillas que no lo son

La lista no sería completa sin mencionar tres animales completamente diferentes. No en vano, a menudo se incluyen, equivocadamente, en el grupo de las ardillas. El primero de ellos, el lirón gris, es, cuando menos, un roedor. Como todos los lirones (grupo al que pertenece el lirón gris como especie más grande), este animal está rigurosamente protegido desde hace años, aunque entre los comerciantes de animales siempre hay alguno con afán mercantilista que se dedica a vender lirones como supuestas ardillas enanas a aficionados desinformados. Efectivamente, existen ardillas enanas, incluso varias especies, que no se incluyen en ninguna ley de protección. Se trata, sin embargo, de animales tropicales que no llegan al tamaño de un ratón, mientras que el lirón gris es algo más grande que un hámster dorado y vive en latitudes templadas. Por tanto, es necesario atesorar ciertos conocimientos sobre las especies si no se quiere ser objeto de métodos de venta ilícitos.

La segunda pseudoardilla es la tupaya. Aquí, no estamos ante un roedor. Inicialmente, se tuvo a este animal por un insectívoro y, por tanto, pariente de nuestros erizos, topos y musarañas. (Todavía hoy, la tupaya recibe en inglés el nombre de *tree-shrew* o musaraña arborícola.) Más tarde, se la consideró el antepasado de los primates, grupo que engloba a los prosimios, a los simios y al hombre. Hoy en día, los científicos sostienen que se trata de un

El lirón gris está protegido

Tupaya

orden de mamíferos completamente independiente, con varios géneros y especies. Para diferenciar a este animal, originario del sudeste asiático, de las ardillas, también en lo que al nombre se refiere, se le bautizó con el nombre de tupaya. Bien mirado, se cometió un nuevo error, puesto que la palabra malaya *tupai* no significa otra cosa que ardilla. La confusión es total si tenemos en cuenta que los malayos utilizan el nombre *tupai* para designar no solamente a la tupaya, sino también a la ardilla de hocico largo, que comparte el mismo hábitat y, aunque es prácticamente idéntica a la primera, es una ardilla auténtica.

Las tupayas pueden encontrarse, de tanto en tanto, en las tiendas y pueden resultar unas compañeras interesantes. Su tenencia es similar a la de las ardillas frugívoras.

El tercer animal en discordia es una suerte de doble de las ardillas planeadoras. Procede de Nueva Guinea y de Australia, donde no existen ardillas verdaderas. Este pequeño animal, cuyo pelaje combina los colores negro, blanco y gris, pertenece al grupo de los marsupiales. A menudo, se le denomina ardilla voladora marsupial, aunque el nombre correcto es falangero ardilla. Debido a su predilección por los frutos dulces y por el néctar, la denominación anglosajona es *sugar glider* (el planeador del azúcar). Mientras está completamente prohibido exportar animales australianos, es posible importar falangeros de Nueva Guinea. Su cría en cautividad no es difícil si se han tenido ardillas verdaderas frugívoras. Al igual que las ardillas planeadoras, los falangeros pueden recorrer distancias cortas planeando en el aire.

Si se consideran las comparativas falangeros/ardillas planeadoras y tupayas/ardillas de hocico largo, puede sorprender que animales con tanto parecido físico no estén más estrechamente emparentados. Sin embargo, el parecido es producto, solamente, de la adaptación a modos de vida y a hábitats naturales coincidentes, fenómeno que en zoología se define como convergencia. Un ejemplo conocido de convergencia es la forma de pez de las ballenas y de los delfines, que en realidad son mamíferos.

Modo de vida de la ardilla estriada

Como ya he señalado, la ardilla estriada asiática (burunduk) es un habitante de las regiones boscosas del norte y del este de Asia. Esto no significa que cada arboleda esté colonizada por ardillas. La presencia del burunduk depende de la existencia de importantes plantas alimenticias. Un alto porcentaje de su alimento natural lo constituyen las piñas o los estróbilos de alerce, así como diferentes tipos de nueces. El menú se completa con diversos brotes, semillas, frutos silvestres (por ejemplo, bayas) y setas. La ardilla acepta también con agrado pequeños animales, si bien es cierto que no los busca selectivamente. Si en su búsqueda de alimento se topa, por ejemplo, con insectos, los devora casi de pasada. Asimismo, un nido con polluelos o con huevos representa un cambio bienvenido en la dieta.

Lo interesante es que la ardilla no mata a sus presas de un bocado certero y después las devora, sino que se las come directamente, comenzando por algún extremo. No es raro que se coman solamente una parte de una presa ocasional. Es una señal de que la alimentación animal no es necesaria para su supervivencia. Debido a la competencia por el alimento con otras especies (por ejemplo, aves) y a

Las ardillas estriadas son animales solitarios que gustan de observar su territorio desde una posición elevada

Aunque trepa muy bien, la ardilla estriada es, en realidad, una ardilla terrestre y pasa la mayor parte del tiempo en el suelo

que las bayas son un alimento estacional, el burunduk necesita como fuente de alimento un determinado número de árboles y de arbustos que no dudará en defender también contra sus congéneres. En otras palabras, es de costumbres solitarias y ocupa un territorio.

El centro de este territorio está vetado para cualquier congénere fuera de la época de reproducción (lo que ocurre en primavera), mientras que pueden solaparse los bordes de varios territorios. El centro lo ocupa una madriguera subterránea de estructura sencilla: una galería con una profundidad, aproximadamente, de medio metro, que se abre, por norma general, en dos cámaras (el nido y la despensa). Ambas cámaras están situadas a un nivel algo superior que el extremo de la galería, para que el agua

La búsqueda diaria de alimento consume mucho tiempo. Las ardillas estriadas recorren grandes distancias dentro de sus territorios

de lluvia no moje el material del nido y las provisiones.

Con esto, ya hemos hecho referencia a la costumbre de las ardillas estriadas de recolectar provisiones y de almacenarlas para periodos de condiciones climáticas adversas y durante el descanso invernal. Para la recolección, se sirven de sus amplios abazones, característica que le ha valido al género completo el sobrenombre de ardillas de carrillo. Sin embargo, las ardillas estriadas no transportan a la despensa todo lo que encuentran, sino que entierran las nueces y las semillas de alerce en el suelo, igual que nuestras ardillas. Más tarde, las ardillas no buscan selectivamente estos escondrijos, sino que dan con ellos de forma mas bien casual mientras rastrean el suelo del bosque. Al no descubrir todas las provisiones escondidas, las ardillas contribuyen a dispersar las semillas de las plantas de que se alimentan. Estos animales dedican mucho tiempo a la búsqueda de alimentos: remueven la hojarasca del suelo, trepan a los árboles y recolectan las bayas de los arbustos. El 80% de su actividad diaria lo dedican a estos menesteres. El resto del tiempo se reparte en la alimentación, el aseo del pelaje y la defensa del territorio. La actividad comienza con el alba y termina poco antes del crepúsculo. En la búsqueda de alimento, recorren cientos de metros. Las hembras son más activas, puesto que necesitan abundantes provisiones para el periodo de cría. Por esta razón, las hembras de burunduk poseen territorios más extensos que los machos y son, también, más agresivas a la hora de defenderlos. La época de apareamiento de las ardillas estriadas coincide con los meses de abril y mayo (puede variar si se tiene como animal de compañía). Durante unas pocas semanas, disminuye la propensión de la hembra a defender su territorio, permitiendo el acercamiento del macho al congénere en celo. Después de una persecución simbólica, como jugando, tiene lugar la cópula, a la que pueden seguir varias más mientras dure el celo de la hembra. En esta fase, los animales viven emparejados, aunque sin un vínculo tan estrecho como se da, por ejemplo, en muchas aves. Así y todo, se limpian el pelaje mutuamente. Si la hembra ha quedado preñada, ahuyenta al macho de su territorio, y se prepara para el nacimiento de la descendencia acelerando la construcción del nido. Las crías son amamantadas durante algunas semanas, si bien comienzan ya a roer las provisiones en la madriguera. Después de abrir los ojos, las crías abandonan, de tanto en tanto, el nido y la madriguera, aunque por poco tiempo, pues la madre las retorna al nido, una y otra vez, ante el peligro que representan los depredadores como las rapaces, las martas o los jabalíes zarceando. Poco a poco, realizan correrías más largas y desarrollan sus capacidades trepando por los árboles y los arbustos, a los que huyen para refugiarse si se sienten amenazadas y la madriguera queda demasiado lejos. Así, cada vez resulta más raro ver a la madre ir a por las crías. Éstas comienzan ya a vagar en busca de un territorio libre y a reunir provisiones para el invierno. Si el clima es especialmente propicio, los progenitores pueden entrar en celo una segunda vez en la canícula del mismo año y criar la segunda camada.

En septiembre, podemos observar la actividad recolectora más frenética. Un mes más tarde, las primeras ardillas se retiran a sus bien acolchados nidos para hibernar. En noviembre, quedan solamente individuos rezagados y de segunda camada fuera de sus habitáculos. La hibernación dura hasta marzo o abril en las regiones septentrionales del área de distribución, mientras que en las regiones meridionales puede finalizar en febrero, dependiendo de la situación meteorológica. Las ardillas despiertan, periódicamente, por poco tiempo para ingerir algo de alimento, si bien por norma no abandonan el nido.

Al igual que sucede con la ardilla común, las ardillas estriadas tampoco rehúyen la proximidad del hombre. Las poblaciones centroeuropeas descendientes de animales liberados o escapados frecuentan los parques públicos visitados y los cementerios, donde aceptan de buena gana la comida que les ofrecen los paseantes, aunque no se dejan tocar.

Anatomía y capacidades sensoriales

Soy muy consciente de que a muchos lectores no les agradará la comparación, pero, si exceptuamos la cola poblada, la anatomía de la ardilla estriada es muy semejante a la de una rata. (Si la rata exhibiera rayas longitudinales claras y oscuras, gozaría, seguramente, de más popularidad que con el actual traje pardo grisáceo.)

Esta similitud se debe a que ambas especies, por lo demás poco emparentadas, exhiben unos tipos anatómicos bastante poco especializados. Ambas pueden correr, trepar y excavar casi con la misma facilidad. La ardilla salta mejor que la rata, entre otras cosas, gracias a su peluda cola, que constituye un órgano de equilibrio y de control más eficaz que la cola prácticamente desnuda de la rata.

El grado de desarrollo de los sentidos de ambos animales es también muy parejo, si bien la capacidad visual de la ardilla, de costumbres diurnas, es mejor que la de la rata, un animal preferentemente crepuscular.

Gracias a sus grandes ojos, la ardilla goza de una visión excelente

Dediquemos un instante a los ojos de la ardilla. Su gran tamaño nos la hacen simpática y le sirven para detectar movimientos a mucha distancia. Asimismo, desempeñan una función importante a la hora de la comunicación (por ejemplo, para reconocer señales de expresión corporal). Cuando están excitados, los burunduks agitan la cola amenazadoramente y con los pelos erizados, desenroscándola sobre su espalda para mostrar al oponente que están preparados para atacar.

La marcada capacidad auditiva de las ardillas es fundamental para su supervivencia. El menor crujido o raspado atrae la atención del pequeño roedor.

La nariz, situada en el extremo de un hocico perfectamente adaptado para hurgar en el suelo, informa a la ardilla no solamente de los granos y de las semillas ocultos debajo de la hojarasca y la pinocha del suelo del bosque, sino también del grado de madurez de éstos. Cada parte desconocida del entorno es olisqueada detenidamente y analizada por si es comestible.

Los largos bigotes o vibrisas (nombre zoológico correcto) nos indican el buen sentido del tacto del burunduk. Además del hocico, hay vibrisas en los carrillos y encima de los ojos, que sir-

En esta fotografía, se observa con toda claridad la nariz, perfectamente adaptada para explorar grietas y agujeros, y el bigote, compuesto de pelos táctiles (vibrisas)

ven como distanciadores omnilaterales para recorrer túneles subterráneos o grietas de los árboles.

Un rasgo característico de todas las ardillas son sus fuertes dientes, con los que pueden roer y abrir, aunque no partir, las nueces más duras. Que estos animales son capaces también de manejar sus cinceles con una gran delicadeza, queda demostrado si observamos cómo asean su pelaje y de qué forma transportan a las crías.

A semejanza del hámster dorado, la ardilla estriada lleva, a cada lado de la cabeza, unos abazones que se extienden hasta los hombros y que, si están completamente llenos, pueden llegar a triplicar la anchura normal de la cabeza.

Las patas del burunduk están provistas de dedos ágiles, con garras bien formadas y agudas. Las patas anteriores, dotadas de cuatro dedos, son muy versátiles y las utilizan, por ejemplo, para sujetar alimentos, escarbar y cuidar el pelaje. De los cinco dedos de las patas posteriores, pueden abrir los dos exteriores y servirse de ellos para agarrarse mejor al trepar. Para hacerse una idea del grado de agilidad y de la fuerza de las patas traseras, basta contemplar a la ardilla colgada cabeza abajo en la reja de la jaula, con las patas posteriores giradas hacia atrás, mientras sostiene una nuez entre las patas anteriores.

Con sus habilidosas extremidades anteriores, la ardilla estriada puede sujetar, incluso, trozos de alimento muy pequeños

La cola es un capítulo del aseo corporal al que la ardilla dedica una especial atención. No en vano le es indispensable como órgano de equilibrio y como medio de expresión

La larga y poblada cola desempeña las funciones de control y de equilibrio, fundamentales para trepar y para saltar, al tiempo que es un importante medio de expresión.

Por esta razón, la cola es la parte del cuerpo a la que la ardilla dedica más tiempo al asearse.

Una ardilla que haya perdido la cola a causa de una lesión se verá claramente limitada en sus movimientos y perderá una gran parte de su habitual elegancia.

Las cifras siguientes describen las medidas de una ardilla estriada asiática de tamaño medio. Longitud aproximada cabeza-tronco: de 12 a 17 centímetros. Longitud de la cola: de ocho a 12 centímetros. Peso: de 50 a 120 gramos. Estos números varían de un individuo a otro y entre poblaciones. En las hembras, desempeña, naturalmente, un papel significativo la eventual gestación.

He aquí una observación más acerca del dibujo del pelaje. El nombre ardilla estriada es una descripción bastante desafortunada de la especie, pese a que las rayas longitudinales sean lo primero que salta a la vista. El motivo es que el mismo patrón es compartido, con ligeras variaciones, por muchas otras especies de ardillas (por ejemplo, en todos los chipmunks, en las ardillas terrestres africanas, en las ardillas de las palmeras y en las ardillas funámbulas). Por esta razón, se emplea, cada vez más, el nombre ruso burunduk, con el que se designa exclusivamente a esta especie.

El presente capítulo quedaría incompleto si no mencionara la diversidad de llamadas que puede emitir el burunduk. Mediante un largo y monosilábico chipp, la ardilla (situada, generalmente, en un lugar expuesto como un árbol o una roca) marca acústicamente su propiedad. Este comportamiento característico le ha valido a la ardilla estriada americana el sobrenombre de chipmunk. Varias llamadas de este tipo seguidas, sin solución de continuidad, son síntoma de que el animal está muy excitado, ya sea por miedo o por irritación. Cuando están enfadadas, las ardillas estriadas chillan y bufan (por ejemplo, poco antes de atacar). Si se sienten acorraladas o son agarradas con la mano contra su voluntad, emiten un sonido quejumbroso, como el que producen durante la pantomima de lucha antes del apareamiento. Si se mantiene una sola ardilla, que además come de la mano y se deja tocar, es posible que no lleguen a escucharse nunca estas llamadas. Después de todo, la mayoría de ellas sirven para la comunicación con otros animales, pero, a falta de otros congéneres, resultan totalmente innecesarias.

SEGUNDA PARTE

Cosas a tener en cuenta

Puesto que los animales de compañía adquiridos de forma irreflexiva son, a menudo, víctimas de conceptos equivocados, es conveniente hacer hincapié en un aspecto: las ardillas no son animales para acariciar. Para esto, es mucho más adecuado un conejo, un cobaya o un hámster. Aclarado este punto, resulta evidente que las ardillas no son animales de compañía para niños pequeños, que prefieren tocar a sus animales más que limitarse a observarlos, y para quienes los ágiles movimientos de las ardillas son una invitación al juego de persecución, que, sin embargo, estresa sobremanera al animal. Todo futuro tenedor de ardillas estriadas (lo mismo es extensible, naturalmente, a todas las demás especies de ardillas) ha de tener una edad mínima de diez años y poseer, preferiblemente, un carácter tranquilo. Estas ardillas tienen una actividad exclusivamente diurna, y recalco la palabra *actividad*. Una ardilla que retoza alegremente, metiendo su hocico en todos los rincones y explotando al máximo las tres dimensiones de la habitación, desde la alfombra a la barra de la cortina, puede sacar de sus casillas a una persona nerviosa y distraer al estudiante que ha de terminar los deberes para el día siguiente. Por tanto, analice las características de su familia antes de la adquisición; de lo contrario, nadie disfrutará de la convivencia con la ardilla estriada, y el animal tampoco.

Las ardillas estriadas necesitan espacio. Cuanto mayor sea el espacio disponible, más a gusto se encuentran. Si el animal está enjaulado en un espacio reducido, es obligatorio dejarle salir por lo menos dos horas al día. Después de todo, no siempre es fácil encontrar en la propia casa un espacio para jaulas grandes.

A la hora de dejar salir a la ardilla de la jaula, téngase en cuenta que se trata de una ágil trepadora, capaz de acceder a prácticamente cualquier rincón y que no sabe que las valiosas figuras de porcelana no deben caerse del estante.

Como el resto de los roedores, la ardilla es muy sensible a los ruidos. Los

Téngase en cuenta lo siguiente: una ardilla libre puede acceder a todas partes

alaridos de los niños haciendo el indio, una música estridente o los ruidos en la cocina le resultan un suplicio. Si no se dispone de una habitación tranquila y libre de nicotina (atención fumadores), es preferible renunciar a cuidar a una ardilla en casa, por amor al animal.

Las ardillas no pueden llevarse de vacaciones. Mientras que los hámsters y los conejos pueden pasar con una jaula pequeña durante unas semanas en caso de emergencia, la ardilla estriada, mucho más activa, no puede prescindir de su acostumbrada libertad de movimientos. El transporte de una jaula grande trae consigo numerosas complicaciones, por no hablar del riesgo que representa dejar salir al animal en un entorno extraño. Por consiguiente, antes de comprar una ardilla, hay que tener muy claro que es necesario contar con alguien que se ocupe del animal durante las vacaciones, atendiendo sus necesidades en el entorno acostumbrado, es decir, en el domicilio habitual.

Para terminar, un consejo bienintencionado: aprenda a pensar como una ardilla. No cometa el error de humanizar a este pequeño roedor. Su naturaleza le dicta ciertas acciones que, obedeciendo al instinto y al patrón de comportamiento heredado, debe realizar de una forma y no de otra. Si bien es cierto que la mayoría de los animales posee una capacidad de adaptación más o menos grande, ésta es limitada. Un animal, no importa si es una ardilla estriada, un perro pastor alemán o un periquito, no puede adaptarse completamente a las expectativas y a las necesidades de su cuidador, porque es un ser vivo individual, no una máquina.

Los animales de compañía no han de ser prisioneros, sino huéspedes, y han de encontrarse a gusto entre nosotros. Para conseguir esto, es necesario conocer y satisfacer sus necesidades. Por tanto, familiarícese con los requerimientos y con el comportamiento natural de su protegido, leyendo los libros adecuados y conversando con otros cuidadores más experimentados. Deténgase a analizar su entorno con los ojos de la ardilla. Puede que, de esta forma, encuentre pequeños errores de tenencia que pasó por alto desde la perspectiva humana. Para el ser humano, la tenencia de animales con arreglo a las necesidades de la especie significa adaptarse a los requerimientos de su realquilado, en la medida de lo necesario. Esto no significa, sin embargo, tener que convertirse en un esclavo del animal. De todos modos, el grado de adaptación del que hace gala el animal es, de entrada, mucho mayor que el del cuidador. En lugar de brincar sobre el suelo fragante de los interminables bosques siberianos y recolectar conos (pi-

Las ardillas listadas también están a gusto sin compañía

ñas) de alerce, la ardilla estriada está sentada encima del armario de la sala de estar y se entretiene abriendo cacahuetes. Desde su punto de vista, ya se ha adaptado más que suficiente; el resto es tarea de usted.

¿Es cruel la tenencia aislada?

No todos los animales se encuentran a gusto en compañía. Muchas especies llevan una existencia solitaria la mayor parte de su vida, se sobreentiende que voluntariamente.

En el capítulo acerca del modo de vida de la ardilla estriada en su país de origen, he apuntado que los animales ocupan territorios naturales que habitan en solitario (salvo en la época de reproducción) y que defienden encarnizadamente contra cualquier congénere. Con esto, ya he contestado a la pregunta de si una ardilla estriada se puede tener sin la compañía de otra de la misma especie. Por tanto, su ardilla no echará en falta nada si la mantiene solitaria.

Por otra parte, incluso entre las ardillas estriadas, podemos encontrar individuos más sociables. Esto ocurre también con otros animales de compañía, por naturaleza solitarios (por ejemplo, el gato y el hámster), que pueden convivir pacíficamente en parejas y en grupos de tres. Lo cierto es que el hombre ha criado ambas especies durante cientos de generaciones. Puesto que los criadores seleccionaban siempre a los animales más pacíficos, la proporción de animales sociales fue aumentando paulatinamente. Y si bien es cierto que, entre tanto, existen varias generaciones de familias de cría, las ardillas estriadas, por el contrario, siguen siendo animales salvajes auténticos.

¿Dónde se puede conseguir una ardilla?

El mejor camino para hacerse con una ardilla estriada es comprar un animal joven a un criador, que puede informarle sobre la edad exacta del animal, encontrar fácilmente el sexo deseado y contribuir con consejos útiles. Con esto, se apoyan, además, los esfuerzos de los aficionados comprometidos con el objetivo de cubrir paulatinamente la demanda de ardillas estriadas mediante la cría en cautividad. De esta manera, no será necesario importar continuamente animales salvajes. (Llegado este punto, permítanme recomendar encarecidamente la lectura del capítulo *Tenencia de ardillas y protección de especies*).

Los criadores de ardillas estriadas no suelen trabajar a gran escala, sino que cuidan a tres o a cuatro parejas reproductoras. Puesto que las ardillas no pueden tenerse en baterías de cría, como sucede con otros pequeños roedores, apenas encontramos negociantes en los círculos de criadores. Para encontrar un criador, es recomendable acudir a la parte de anuncios del periódico. Recuerde que la época de apareamiento de las ardillas estriadas es la primavera, por lo que no será posible obtener animales juveniles listos para la venta hasta el verano, es decir, una época en la que se estará preparando más bien para sus vacaciones. En este caso, pida al criador que le reserve el animal seleccionado hasta su regreso. Incluso entonces, será todavía suficientemente joven para amansarlo hasta el punto de que se deje tocar. A partir del año de edad, hacen falta ya enormes dosis de paciencia para la domesticación, y los animales de más edad a menudo sólo pueden amansarse para comer, es decir, aceptan la comida de la mano de su cuidador, pero no se dejan tocar.

La ardilla estriada es, actualmente, el animal más vendido en las tiendas especializadas. Vale la pena recorrer varias tiendas, aunque no todos los vendedores que comercializan ardillas estriadas saben lo suficiente sobre estos animales. Muchos no son capaces siquiera de diferenciar los sexos, y es habitual ver grupos de cuatro y de cinco ardillas hacinadas en jaulas demasiado pequeñas. En estos sitios, es mejor no comprar. Escoja, preferentemente, comerciantes que reciben las ardillas directamente del criador, para asegurarse de que compra, efectivamente, un ejemplar joven. Sin embargo, la mayoría de los vendedores compran los burunduks por correo y a mayoristas. Éstos suelen vender también directamente al propietario, aunque los animales ofrecidos hay que tratarlos, a menudo, con sumo cuidado.

La edad es, muchas veces, incierta y, en la mayoría de los casos, se trata

Para asegurarse de que compra una ardilla joven, hay que recurrir, por norma, a los criadores privados

de importaciones procedentes de Extremo Oriente. Cuando los animales llegan al país de destino, dejan tras de sí un vuelo agotador que los ha llevado a recorrer medio globo terrestre. En manos del mayorista, no han tenido tiempo de adaptarse (entre otras cosas, deben ajustar su ritmo día/noche al cambio horario). Por consiguiente, el comprador ha de ser consciente de que está comprando un animal del todo exhausto eventualmente, que, debido al estrés sufrido por la captura, el transporte y la adaptación horaria, así como por el hacinamiento con otros congéneres en un espacio reducido, se muestra aturdido y medroso. Una ardilla en estas condiciones es muy difícil de domesticar.

Comprar por correo es hacerlo a ciegas, aunque existen, desde luego, experiencias positivas. Si se deja encandilar por la promesa de «Ardillas estriadas japonesas jóvenes que se dejan tocar» de un anuncio comercial, le recuerdo que el vendedor no tiene obligación de garantizar que se dejen tocar ni que sean jóvenes.

Si no está a la caza y captura de una ardilla completamente mansa, sino que le basta con que se deje alimentar de la mano o, incluso, se contenta con la entretenida observación de tan inquieto duendecillo, recomiendo, encarecidamente, tener en cuenta otra posibilidad. Visite un asilo para animales o busque en la sección de anuncios del periódico las ardillas a entregar «por razones circunstanciales». Una alergia a pelos de animales que previamente se ha pasado por alto, demasiados compromisos profesionales o la incompatibilidad de la ardilla con un congénere son, muchas veces, las razones para entregar una ardilla madura (de más de un año de edad). A estos animales, que suelen ser espléndidos y estar perfectamente sanos, les puede ofrecer un hogar afectuoso. Sin embargo, por esta vía, puede recibirse también una ardilla estriada que, por falta de espacio, haya desarrollado una estereotipia de movimiento (por ejemplo, dar saltos continuamente). Si la estereotipia no se ha afianzado todavía en el comportamiento del animal, queda la posibilidad de suprimirla o, cuando menos, de debilitarla. Ofrezca a la ardilla todo el espacio que pueda y las suficientes posibilidades para encaramarse, siendo preferible utilizar siempre unas ramas naturales frescas.

Los neófitos suelen interpretar las estereotipias de movimiento como trastornos del comportamiento, cuando en la mayoría de los casos no lo son. La ardilla se limita a desfogar su impulso de movimiento natural y, por falta de espacio, lo hace sin moverse del sitio.

Incluso ardillas que han pasado toda su vida en grandes jaulas pueden contraer, por ejemplo, el hábito de dar saltos verticales en una esquina para aliviar su excitación. El hámster y los ratones disfrutan de una rueda, aunque las dimensiones de su jaula sean más que suficientes. Un verdadero trastorno del comportamiento, esto es, una patología psíquica, revierte también en la salud física. Los animales con este tipo de trastorno ofrecen, generalmente, un aspecto desgreñado y desaliñado, porque descuidan su aseo corporal. Si observamos a una ardilla estriada que da saltos, normalmente, rebosa salud; lo único que ocurre es que su sed de movimiento se canaliza, se redirige por determinadas vías. Con esta conducta, la ardilla saltarina se sitúa al mismo nivel que sus coetáneos humanos que, voluntariamente, sudan la gota gorda en la bicicleta estática de su casa, en el gimnasio o en la pista de 400 metros. Aunque estas personas provocan, ciertamente, alguna que otra sonrisa, a nadie se le ocurriría pensar que están perturbados.

Si exceptuamos las ardillas de las palmeras, que últimamente encontramos con bastante regularidad en las tiendas especializadas, las demás especies de ardillas son muy raras de ver en estos comercios, y más todavía en los asilos de animales. Si no se encuentra ningún criador, y desafortunadamente hay pocos, es inevitable acabar comprando un animal importado. En este caso, hay que estudiar a la ardilla personalmente en la tienda y seleccionar a un animal sano. Puede que el viaje a la tienda cueste tiempo y dinero, pero evita, muchas veces, pérdidas dolorosas y caras como resultado de enviar animales enfermos y débiles. La decisión de tener una especie diferente a la popular ardilla estriada debe traer consigo el compromiso de reproducir a estos animales. Aun siendo algo más caras que los animales importados, por razones de protección de especies, debemos dar prioridad absoluta a la compra de ardillas criadas en cautividad si tenemos la posibilidad de elegir entre las dos opciones.

Precauciones a la hora de comprar

Si ha leído el capítulo precedente, seguramente le han llamado la atención algunos puntos importantes en relación a la compra. En este capítulo, siguen más consejos.

Respecto al animal, la ardilla debe estar sana, por supuesto. Las señales inequívocas de buena salud son el aspecto y el comportamiento. Rechace animales enfermos, por mucha lástima que le den. Algunos vendedores se aprovechan de la compasión que caracteriza a los amigos de los animales y les venden, sin ningún tipo de es-

Las ardillas estriadas sanas tienen los ojos claros, la nariz limpia y el pelaje liso y brillante

crúpulos, ejemplares enfermos o lesionados. Solamente rehusando la compra de estos animales, podemos obligar a las ovejas negras del ramo a que dejen de considerar a estos animales como mercancía de paso, y les dispensen los cuidados y las atenciones que necesitan.

Los animales enfermos se reconocen por tener los ojos turbios o lagrimosos, el pelaje mate y desgreñado, calvas, heridas de curación lenta o mal cicatrizadas, flujo nasal y diarrea.

Preste atención a eventuales murmullos respiratorios; en animales sanos, normalmente no se escuchan. Resuellos, estertores y jadeos son síntomas de constipados o de presencia de parásitos.

¿Cómo se mueve el animal? ¿Trepa y salta con agilidad? ¿Es retraído o curioso? Todas estas preguntas aportan información sobre el estado de salud de una ardilla. Son malas señales la apatía, los movimientos lentos y trepar dificultosamente. Como animales diurnos que son, las ardillas estriadas deben mostrarse activas durante el horario comercial de las tiendas de animales. Sin embargo, si pasan mucho tiempo durmiendo, caben dos posibilidades: o se trata de animales recién importados que no se han acostumbrado todavía al diferente ritmo día/noche, o bien los animales están enfermos. En ambos casos, debe descartarse la compra de la ardilla, al menos temporalmente en el primer supuesto, hasta que hayan pasado un par de semanas.

No olvide que las ardillas hibernan. Si piensa comprar una ardilla en otoño, no es raro que éstas se muestren perezosas si están en salas sin calefacción. En este caso, cuesta más valorar el estado de salud del animal. Por esta razón, la mejor época para comprar una ardilla es en verano.

Todas las ardillas son animales extremadamente ágiles. Si vemos que una ardilla se mueve con inusual torpeza, o tiene una espalda delgada y encorvada (curvatura mayor de lo normal, ver fotos), podemos afirmar que se trata de un animal enfermo o muy viejo.

Echemos un vistazo al alojamiento de las ardillas en casa del criador. No se deje influir por suelos cubiertos de cáscaras de nueces y de semillas. Incluso si se limpia a diario (lo cual no es necesario), queda siempre una cierta cantidad en la mezcla esparcida, que corresponde, desde luego, a las condiciones naturales. Después de todo, los suelos del bosque no se componen de tierra desnuda. Lo que no debemos ver son restos de fruta y de verdura en descomposición; es una señal de que la higiene es insuficiente.

Los progenitores de los animales juveniles deben estar sanos y transmitir la sensación de vitalidad.

Si su intención es comprar en una tienda, conviene que preste atención a si en la jaula hay restos de comida que se pudren. Aléjese de los vendedores que mantienen a varios burunduks juntos en uno de esos hogares para ardillas que, por desgracia, son tan populares, pero demasiado pequeños, incluso para una sola ardilla. En estas jaulas, los animales soportan tal carga de estrés social que tardarán todavía un tiempo en recuperarse de las secuelas.

La determinación del sexo

Si tiene la idea de comprarse una sola ardilla, no necesita preocuparse del sexo. El grado de domesticación o recelo al que pueden llegar es el mismo, no importa que sea hembra o macho. Por otra parte, si su intención es enriquecer su hogar con dos ardillas, entonces sí es importante determinar correctamente el sexo. Las razones para esto se señalan en el capítulo *¿Es cruel la tenencia aislada?*

Solamente en primavera pueden diferenciarse los sexos sin necesidad de sujetar a los animales. Puesto que están en la época de apareamiento,

Esta ardilla estriada macho ha sido fotografiada en la época de apareamiento. Entre las extremidades inferiores, se observan claramente los testículos (de color gris claro, en contraste con el blanco del pelaje), cuyo tamaño ha aumentado sensiblemente en este periodo

pueden apreciarse, entre las patas traseras, los testículos, cuyo tamaño ha aumentado visiblemente. Fuera de la época de reproducción, los testículos permanecen retraídos en el interior del cuerpo. Entonces, hay que coger al animal e inspeccionar el vientre. Este procedimiento no agrada demasiado a la ardilla, que intenta escapar retorciéndose o, incluso, mordiendo. Por este motivo, se aconseja llevar guantes de cuero. Si no tiene experiencia en sujetar a una ardilla, deje que lo haga el vendedor o el criador.

En el macho, el ano y la abertura urinaria (con forma de cono redondeado) están separados, aproximadamente, medio centímetro. Esto vale solamente para animales con más de medio año de edad y que, por tanto, son adultos. Las dos aberturas están más próximas en la hembra. El sexo puede determinarse, también, en los ejemplares inmaduros, incluso cuando todavía no han abandonado el nido; basta tener en cuenta que la separación entre las dos aberturas se reduce proporcionalmente, de acuerdo con el menor tamaño corporal. Con algo de experiencia y con varios animales para comparar, al final se consigue determinar el sexo correctamente.

La determinación del sexo de otras especies de ardillas se realiza de la misma forma. En las ardillas arborícolas tropicales, que no tienen una época de apareamiento fija, los testículos de los machos son, muchas veces, perfectamente visibles durante todo el año.

El transporte hasta nuestra casa

De cara al transporte, la ardilla ha de colocarse en un recipiente oscuro, no demasiado grande, en el que se sienta segura. Para esto, sirven las cajas plegables utilizadas en las tiendas de animales para transportar animales pequeños, cajas de madera pequeñas con agujeros de ventilación o con una malla metálica en un lado, o cajas de cartón o de madera un poco más grandes, que deben acolcharse con mucha paja o con papel de cocina.

La ardilla no debe tener demasiado espacio en el recipiente de transporte, de lo contrario es zarandeada de un lado a otro, porque no puede sujetarse en el suelo liso.

Desde luego, es completamente incorrecto transportar una ardilla en una jaula metálica totalmente expuesta. El animal, excitado por la captura y el traslado, no encuentra donde cobijarse, y salta frenéticamente por la jaula, con el peligro de que se lesione. Para el transporte, puede utilizarse, por supuesto, una jaula para hámsters o para pájaros, siempre y cuando se llene hasta arriba con material de nido y se introduzca en una caja de cartón adecuada, con orificios de ventilación, a la hora del transporte.

El recipiente debe llevarse tranquilamente en la mano o debajo del brazo, evitando cualquier tipo de sacudida, para no atemorizar a la ardilla. Si el transporte es en coche, el mejor sitio no es, precisamente, el regazo, sino el hueco entre los asientos delantero y trasero, donde el recipiente no puede dar bandazos y está protegido de la radiación solar excesiva. Resulta obvio que la protección de los rayos solares intensos y también, cómo no, de la lluvia, es extensible al transporte a pie o en bicicleta.

Tome el camino más corto para llevar a la ardilla hasta su casa, donde debe esperar la jaula completamente instalada. El aspecto de la misma, el emplazamiento más adecuado y cómo debe instalarse son los temas del capítulo siguiente.

TERCERA PARTE

EL ALOJAMIENTO

El emplazamiento más adecuado

A la hora de seleccionar el emplazamiento, hay que conciliar los intereses del animal y del cuidador.

El deseo del cuidador es poder observar a la ardilla lo mejor posible y la ardilla, por su parte, desea poder dormir tranquilamente por la noche y no ser molestada durante el día por ruidos, humo o corrientes de aire.

Por consiguiente, desde este punto de vista, no conviene el dormitorio, porque el cuidador no podrá disfrutar de la ardilla. Desde la perspectiva de la ardilla, quedan descartadas la cocina (por los ruidos y los vapores) y, si hay fumadores empedernidos y aficionados a la música, la sala de estar. Si es usted fumador ocasional o no fuma, y el volumen de su música preferida no supera el normal de la habitación, no hay ningún pero al emplazamiento del animal en la sala de estar. La ardilla puede encontrarse a gusto incluso en el cuarto de los niños, siempre y cuando no se organicen batallas campales. Si la ardilla va a alojarse en el pasillo, el recibidor o la escalera, asegúrese, sobre todo, de que no circulan corrientes de aire.

Esta jaula de interior para pájaros (modelo Vitakraft) es perfectamente apta para alojar a las ardillas estriadas. La instalación opcional de un soporte con ruedas permite cambiarla fácilmente de lugar

No importa el tamaño de la jaula, uno de los lados debe estar siempre junto a la pared para cubrir la espalda de la ardilla. Si comete el error de colocar al animal en un emplazamiento observable desde todos los lados, tendrá problemas para domesticarlo, ya que, difícilmente, depondrá su actitud temerosa. Procure no colocar la jaula en el suelo, sino en una posición algo elevada (por ejemplo, en una cómoda, en una mesa, en un soporte comercial o en una base fabricada a medida). Muy adecuados son también los armarios bajos para acuarios, en los que pueden guardarse los accesorios.

Existen varios motivos para el emplazamiento elevado. Además de evitar el frío del suelo (es precisamente cerca del suelo donde se forman fácilmente corrientes de aire, imperceptibles para las personas), es más cómodo limpiar el suelo de la jaula e introducir la comida. La ardilla se encuentra más a gusto si no se siente observada desde arriba y su perspectiva resulta, también, más interesante. Téngase en cuenta que las ardillas estriadas pasan mucho tiempo a nivel del suelo.

Si se tienen ardillas todavía sin domesticar en una jaula grande, pueden intentar escapar por algún lado al abrir una puerta frontal grande. Una posición elevada resulta ventajosa, también, en este sentido. Es más fácil desbaratar un intento de huida estando de pie delante de la jaula que acuclillado. Si es usted uno de los pocos afortunados que pueden prescindir de un rincón entero de una habitación, no dude en construir para su pequeño convecino una jaula hasta el techo de la habitación. Sin embargo, incluso entonces, recomiendo planificar un zócalo de unos 15 centímetros de altura. Como ya debe saber, las ardillas estriadas proceden de una zona de clima frío y templado. En consecuencia, es posible tenerlas, también, en el balcón, en la terraza o en el jardín. La condición es un emplazamiento protegido del viento y de la lluvia, no demasiado soleado ni caluroso. Es suficiente si las ardillas reciben el sol de la mañana. Si se tiene la posibilidad de proporcionar a la ardilla algunas horas de aire fresco al día, ya sea en el balcón o en la terraza, resultan idóneas las jaulas sobre ruedas. Para cubrir las espaldas, las jaulas completamente metálicas (véase el capítulo siguiente) deben colocarse, también, con un lado contra la pared si se sacan al aire libre.

Si la ardilla se tiene en el exterior durante todo el año, cosa que puede hacerse sin más, ha de renunciarse a observarla y a entretenerse con ella durante la época invernal, puesto que el modo de vida típico de la especie es hibernar.

Las ardillas necesitan espacio

No me canso de repetir que la tenencia, incluso de un solo burunduk, ya exige determinadas condiciones al espacio disponible. Para ser más exactos, diremos que, de todos los animales de compañía que se tienen en casa enjaulados, la ardilla estriada es, con diferencia, el que necesita más espacio (más que, por ejemplo, los conejos, la chinchilla o el papagayo; todos ellos, animales mucho más grandes).

El lector podrá objetar ahora que, en las tiendas, pueden adquirirse jaulas para ardillas que no son más grandes que dos jaulas de periquito apiladas. Esto es cierto, desgraciadamente. Estas jaulas son demasiado pequeñas para las necesidades de la ardilla, que descargaría sus impulsos de movimiento dando saltos mortales continuos, a veces, incluso durante horas. Quien tenga suficiente con este pequeño extracto del amplio repertorio de conductas de este animal, debería comprarse, preferiblemente, un muñeco de cuerda y abandonar la idea de la ardilla.

Aunque es cierto que en el capítulo anterior he comentado que las ardillas pueden mantenerse en forma dando saltos, igual que hace un hámster en una rueda, y que no por eso significa que sufran trastornos de comportamiento, la ardilla no tiene solamente una necesidad básica (el movimiento), sino varias, y no pueden satisfacerlas en los hogares para ardillas estriadas de las tiendas, que muchas veces son demasiado pequeños.

Por tanto, al comprar una jaula, hay que dejar de lado esta especie de ardillera y explicar al vendedor el porqué de nuestra decisión. Solamente así es posible motivar a los fabricantes de jaulas para producir alojamientos más adecuados a las necesidades de cada especie.

Para los que no son aficionados al bricolaje (el tema de la construcción propia lo tocaré más adelante), existe, sin embargo, una alternativa comercial que, sin ser barata, es muy adecuada. Me refiero a las llamadas jaulas de vuelo para pequeños pájaros domésticos, que, generalmente, se venden con el soporte correspondiente. Estas jaulas son decorativas y suficientemente espaciosas para las ardillas. La empresa Vitakraft ofrece, por ejemplo, dos modelos: uno, de 60 x 32 x 80 centímetros y otro, de 85 x 45 x 98 centímetros (longitud x anchura x altura) (ver página 56). Especialmente práctico es el segundo de los modelos señalados, puesto que considera la posibilidad de un soporte con ruedas. Ambas jaulas están constituidas, casi completamente, por una reja de malla, por la que las ardillas pueden trepar mucho mejor que por una reja de alambres longitudinales. Además, las caras frontales de las rejas no tienen

La reja de la jaula le ofrece a la ardilla unas excelentes oportunidades para encaramarse

un brillo dorado o plateado, sino que llevan un recubrimiento de color pardo oscuro.

Puede que se pregunte qué ventaja comporta una reja colorada. La respuesta es muy simple: el animal que hay detrás se ve mejor. Las rejas con brillos metálicos desvían la atención del ojo humano del fondo, mientras que los recubrimientos mates oscuros, poco reflectantes, permiten observar libremente el contenido de la jaula. Después de todo, se supone que lo interesante es la ardilla y no su habitáculo. Las medidas de las dos jaulas citadas como ejemplo pueden aceptarse como las medidas mínimas para la tenencia de una ardilla estriada. Vale la pena visitar las tiendas especializadas; seguramente, encontrará los productos más adecuados en la sección de jaulas para pájaros. Además del tamaño, conviene tener presentes los puntos siguientes:

- Debe haber una reja de malla, por lo menos, en las caras frontal y posterior, con una anchura de macho no superior a un centímetro.
- Existirán varias puertas. (La razón la explico en el capítulo que trata de la instalación.)
- El conjunto debe incluir una cubeta de base suficientemente alta, puesto que a las ardillas también les gusta escarbar.

Recinto acristalado para ardillas pequeñas. El atractivo diseño de la pared posterior y el cinturón de plantas lo integran en el ambiente de la sala de estar

Las jaulas de pájaros para interior llevan, por norma, recipientes para la comida, que se cuelgan desde fuera a través de unas aberturas en la reja. Estos recipientes son inapropiados para alimentar a las ardillas. Para desmontarlos, hay que cerrar, naturalmente, las aberturas, ahora inservibles, de la reja. Muchas jaulas de interior llevan tapas abatibles o puertas correderas que cumplen este cometido y que, además, sirven para evitar que los ocupantes huyan mientras se cambia la comida. Aunque estos cierres disuaden, desde luego, a un pinzón cebra, no sirven para detener a una ardilla, comparativamente mucho más fuerte. Por esta razón, es conveniente asegurar los cierres con un trozo de alambre. (Los extremos no deben asomar en el interior de la jaula, ya que hay peligro de lesiones para las ardillas.) Asimismo, es aconsejable comprobar los cierres de las puertas y doblarlos adecuadamente para evitar que puedan abrirse desde dentro. Todavía mejor es asegurarlos mediante un pequeño gancho de mosquetón.

Como es natural, la ardilla puede tenerse, también, en un habitáculo acristalado, tipo vitrina. Con toda seguridad, se trata de la solución más atractiva visualmente, aunque arrastra el inconveniente de que, al no haber reja frontal, se restringen enormemente las posibilidades de trepar y, por consiguiente, de movimiento de la ardilla. Por tanto, las vitrinas han de ser considerablemente más grandes que los demás tipos de jaula para compensar la falta de reja con espacio suplementario para albergar más objetos en forma de ramas y similares. Calcule, en este caso, el doble de la longitud habitual. Con este tipo de alojamiento, hay que asegurar, además, la renovación continua del aire en la vitrina. Un ambiente cálido y húmedo puede mermar la salud de su ardilla o, cuando menos, afectar a su bienestar.

Como puede ver, la elección del alojamiento más adecuado para su ardilla estriada es algo más compleja que si compra una jaula para un hámster o para un cobaya, y también algo más cara. No obstante, si es usted una persona diestra en el bricolaje, puede construir, con un mínimo de material, tiempo y dinero, una auténtica residencia de ensueño para su pequeño roedor.

Jaula interior de fabricación casera

Antes de comenzar a construir una jaula de interior, se imponen algunas consideraciones acerca del emplazamiento. La jaula puede situarse con la pared trasera contra una pared, construirla para que se ajuste exactamente a un rincón de la habitación o utilizarla, incluso, como división. Básicamente, existen dos tipos de construcción diferentes: la jaula de reja metálica completa y la jaula de armario.

La jaula de reja metálica completa

Este tipo de alojamiento es el equivalente casero a una jaula comercial, cuyos lados y techo se han cerrado con una reja metálica.

- Ventajas: la jaula es muy ligera y permite pasar mucha luz.

- Inconvenientes: no es lo que se dice decorativa y está expuesta a las corrientes de aire.

Para construir una jaula de este tipo, hacen falta ciertas dosis de habilidad. A partir de listones de sección cuadrada y de ángulos metálicos, se fabrica un armazón que después se cierra con una malla metálica. Aunque las ardillas no suelen roer con tanto ahínco como otros roedores de pequeño tamaño, se recomienda fijar la malla en la parte interior de la estructura de madera. De esta forma, se evita que el animal pueda roer los postes de soporte. En el suelo de la jaula, consistente en una placa de madera, puede colocarse una cubeta especial (de venta en las tiendas) para el material de relleno (en este caso, la base debe construirse respetando las medidas comerciales) o una cubeta de chapa galvanizada de fabricación casera.

La jaula de armario

Puede construirse con la ayuda de diferentes muebles y consiste, expresado llanamente, en una gran caja de madera con una cara frontal de reja metálica.

- Ventajas: protege a la ardilla de las corrientes de aire, puede configurarse e instalarse de forma decorativa, y no causa el efecto de una jaula.

- Inconvenientes: pesa mucho y el interior es más oscuro que una jaula de reja completa.

Si no se cree capaz de producir una construcción a base de placas de madera, puede reconvertir un armario. Puesto que personalmente he tenido experiencias positivas con esta clase de jaula, voy a describir el tipo de construcción que he utilizado. En primer lugar, adquirí en una fábrica de muebles un armario ropero con las medidas siguientes: 80 centímetros de ancho, 60 centímetros de profundidad y 180 centímetros de alto. Por este armario, pagué, aproximadamente, 8.500 pesetas (51 euros), un precio considerablemente inferior al de una jaula comercial.

Antes que nada, desmonté la puerta, el perchero y el suelo insertado. A continuación, revestí el interior del armario con un tapiz textil grueso, del techo a pocos centímetros antes de la base. Puesto que el tapiz permite a las ardillas encaramarse como lo harían por la corteza de un árbol, au-

Jaulas de reja completa para ardillas pequeñas

Armario reconvertido en jaula con arreglo natural, que, por otra parte, debe renovarse periódicamente. Adviértase, asimismo, la buena visibilidad que otorga la utilización de una reja negra (compárese con la foto de la página 58)

menta, sobremanera, las posibilidades de movimiento en el espacio disponible. El principal factor, a la hora de escoger el tapiz, es que no se componga, solamente, de hilos verticales: éstos no ofrecen sujeción ni siquiera a la más habilidosa de las ardillas.

El tapiz termina a 20 centímetros del suelo. Debajo de esta línea, tapé todas las juntas con silicona para evitar que la orina pudiera penetrar en la madera. Después pegué, también con silicona, unos azulejos de 20 x 20 centímetros sin dejar juntas, de forma que, en el interior de la futura jaula, construí una suerte de rodapié. Así, conseguía evitar que las virutas de madera del relleno se engancharan al tapiz, con lo que la jaula transmitiría en todo momento una cierta sensación de desorden. Por otra parte, si hubiese bajado el tapiz hasta el suelo, se habría empapado de orina. Después de instalar los azulejos, sin embargo, podía limpiar la parte inferior del armario incluso con un paño mojado.

No tenía intención de instalar una bandeja en la base, porque la orina pasa fácilmente por las estrechas ranuras entre la bandeja y la pared. En su lugar, fijé en la cara frontal del armario un listón de vidrio de siete centímetros de ancho cuya misión era evitar la caída de relleno fuera del armario. Una anchura de diez centímetros habría sido mejor, pero, casualmente, todavía me quedaba en casa una plancha de vidrio de siete centímetros de ancho. Lo importante es que el borde superior (fijado con silicona) esté biselado para que ni las ardillas ni usted puedan cortarse.

Una observación más sobre un vicio bastante extendido. Considero totalmente inadecuado montar justo encima del suelo de la jaula una reja horizontal con el supuesto fin de dejar que los excrementos y los restos de comida caigan a través de la misma, y alejarlos de la ardilla. Me permito recordar que la ardilla estriada es, en realidad, una ardilla terrestre, cuyas actividades básicas incluyen cavar y escarbar.

La razón de que esta reja forme parte del equipamiento de los demasiado pequeños hogares de ardillas comerciales tiene un origen completamente diferente. Puesto que, al faltar una segunda puerta es imposible colocar una caja de nidificación con cierre (la ardilla puede introducirse en él para ir sobre seguro, mientras se realiza la limpieza; véase equipamiento de la jaula), la rejilla cumple la función de evitar que la ardilla escape al desmontar la bandeja de la jaula. Lo paradójico de esto es que pretende compensarse un error de diseño (ausencia de la segunda puerta) con otro (imposibilidad de realizar la actividad de escarbar).

Ahora, solamente le faltaba una puerta a mi jaula. Para poder decorarla mejor, decidí fabricar una puerta de reja grande, de una hoja, que, sin embargo, no debía ocupar toda la cara frontal. Había una razón para cerrar el cuarto superior del armario con una reja fija. Pensé que si abría la jaula y me ponía a manipular el interior, la ardilla, todavía espantadiza, huiría a su caja nido o bien se refugiaría bajo el techo de la jaula. En el primer caso, podría cerrar la caja y, en el segundo, la pieza de reja fija de la parte superior evitaría que la ardilla escapara.

Por tanto, con maderas escuadradas de 3 x 1 centímetros y con unas escuadras de hierro, me construí dos marcos rectangulares, que cerré con una reja. Para la reja, escogí una tela metálica con malla rectangular de diez milímetros, revestida de plástico negro, que puede adquirirse en las ferreterías como reja para jaulas de pájaros. Como ya he mencionado antes,

La medida de colocar la reja por dentro da un aire más elegante a la jaula, además de proteger el marcò de madera de los dientes de los roedores

las rejas de color negro mate son las que mejor permiten ver el fondo.

A continuación, atornillé el marco pequeño (80 x 45 centímetros) en el cuarto superior del armario y debajo, mediante varias bisagras, el marco grande, concebido como puerta (la altura de la puerta puede ser variable, y depende de la altura del zócalo del armario). Cuantas más bisagras se utilicen, menos se alabeará la puerta. Para cerrar la puerta, escogí dos cierres de aldaba. Una puerta que puede bloquearse en dos puntos cierra mejor que si hay solamente un pasador, que no puede evitar que la puerta vibre cuando la ardilla trepa por ella. El ruido que esto provoca puede resultar muy molesto.

Como ya he dicho, la jaula de armario tiene el inconveniente de que las paredes de madera dejan pasar poca luz al interior, a menos que esté situada exactamente enfrente de una ventana. En mi caso, dio la casualidad de que pude orientar hacia la jaula una luz que ya había instalado en el techo. Los bricoladores avezados pueden, naturalmente, instalar un sistema de iluminación en el interior de la jaula. Recomiendo utilizar tubos fluorescentes, ya que las bombillas incandescentes generan demasiado calor. Los tubos y los cables necesarios deben quedar fuera del alcance de las ardillas, protegidos detrás de una rejilla o de un cristal, pues no hay que olvidar que son animales roedores.

Por cierto, si no tiene experiencia en el trato de animales de compañía escurridizos, como las ardillas, recomiendo instalar una pequeña trampilla para la comida en la puerta principal, del tamaño justo para pasar la mano y el comedero. De esta manera, puede alimentarse al animal sin tener que estar pendiente de que se escape.

El armario convertido en jaula se integra armónicamente en mi estantería. El armario y los materiales de construcción utilizados me costaron, aproximadamente, 14.500 pesetas (87 euros). Por consiguiente, el alojamiento casero no solamente me ha resultado sensiblemente más barato de lo que me habría costado uno comercial, sino que, además, ofrece mucho más espacio a la ardilla. Mediante la colocación de listones de madera decorativos en el exterior, las jaulas de armario pueden integrarse, incluso, en el ambiente de salones estilizados.

Equipamiento y accesorios

Quiero comenzar con la yacija o cama para el suelo. Debido al poco peso y a la facilidad de manejo, recomiendo utilizar la cama para animales pequeños, de venta en las tiendas especializadas, compuesta de virutas de madera. Este material absorbe completamente la orina de la ardilla. Las camas que absorben los olores (por ejemplo, las que se utilizan para los gatos) no son necesarias para las ardillas, porque los excrementos apenas huelen.

La arena tiene una utilidad limitada, porque no absorbe la orina, y permite que el suelo de la jaula se humedezca en poco tiempo. Otro inconveniente es su peso relativamente alto.

La tenencia de ardillas impone la utilización de ramas para trepar y, sobre todo, para reposar. En combinación con la reja de la jaula, las primeras sirven para que la ardilla pueda desfogar su intenso instinto de movimiento, por lo que conviene situarlas verticalmente o algo inclinadas. Las ramas de reposo, por el contrario, actúan como lugares de descanso y de

Las ardillas gustan de descansar en las horquillas de las ramas o en los tocones

Quien disponga de mucho tiempo para cuidar a su ardilla puede preparar el suelo de la jaula como muestra la foto. La búsqueda del material y la limpieza representan mucho trabajo

observación para la ardilla. Por tanto, han de colocarse en posición horizontal. El motivo por el que hago hincapié en la importancia de las ramas de reposo está fundamentado. La ardilla puede compensar, en parte, la falta de ramas verticales trepando por la reja de la jaula, mientras que no hay recambio para la ausencia de puestos de descanso y de observación, que actúan, simultáneamente, como trampolín.

En consecuencia, deberían incluirse en la planificación, por lo menos, dos puestos de reposo horizontales, colocados a diferentes alturas. El número de ramas para trepar depende del espacio disponible. Entre las ramas, debe quedar sitio para que la ardilla pueda saltar. De todo lo señalado, se desprende la razón de que las ardi-

Las ramas para trepar y para reposar pueden fijarse con ayuda de ángulos

llas se cuenten entre los animales de compañía que más espacio necesitan y por qué los hogares para ardillas de las tiendas son, desde todos los puntos, inadecuados.

Asimismo, es importante fijar adecuadamente las ramas, para que ofrezcan un apoyo estable al animal y no hagan ruido mientras éste realiza sus ejercicios. Si no pueden encajarse sin más, hay que utilizar alambre para sujetarlas a la reja. Asegúrese de que los extremos no asomen en el interior de la jaula, pues la ardilla podría lesionarse. Si las paredes son de madera, las ramas pueden sujetarse con tornillos o con ángulos.

Lo ideal es, por supuesto, una rama grande muy ramificada o, incluso, un pequeño árbol muerto, que proporciona, al mismo tiempo, posibilidades para trepar y para reposar, y, por ende, causa un efecto más natural que un revoltijo de ramas sueltas. Quiero recordar que una puerta frontal grande facilita sobremanera el acondicionamiento de una jaula para ardillas. Las posibilidades para trepar se amplían notablemente si la pared trasera y/o los laterales se revisten con corteza natural. En las jaulas de madera, la corteza puede atornillarse directamente, mientras que, en las jaulas de reja completa, la corteza se fija atornillándola a listones de madera exteriores. Si no dispone de corteza de árboles de la zona, puede comprar corteza de alcornoque en las tiendas de animales o en centros de jardinería. La superficie agrietada y clara de este tipo de corteza resulta muy decorativa.

La necesidad de roer varía de una ardilla a otra. Algunas no atacan nunca las ramas por las que trepan, otras las destruyen completamente. El tipo de madera y la mayor o menor oferta de otros objetos para roer desempeñan, también, un papel importante. La frecuencia con la que hay que cambiar las ramas ha de establecerla uno mismo, según el comportamiento de la ardilla.

Como base para trepar y lograr, al mismo tiempo, un efecto decorativo, no deben utilizarse nunca ramas de plantas venenosas. Consulte un libro sobre árboles ornamentales y árboles cultivados, o pregunte en un vivero. Si la jaula es suficientemente grande, el suelo puede mejorarse colocando raíces aisladas, tocones enteros o piedras de diferentes tamaños. Las raíces y las piedras deben afianzarse perfectamente en el suelo para que la ardilla no pueda socavarlas y quede atrapada debajo si se derrumban por falta de estabilidad.

Para la tenencia de ardillas, es indispensable prever cajas nido. Incluso si se tiene una sola ardilla, deberían prepararse, por lo menos, dos cajas, porque a las ardillas les agrada cambiar de domicilio de tanto en tanto. Si se cuidan dos burunduks, se necesitan, cuando menos, tres cajas nido.

Una de las cajas debe descansar sobre el suelo. Recuerdo, una vez más, que las ardillas estriadas son ardillas terrestres que trepan a los árboles para buscar alimento y para huir, pero que, por lo demás, viven en madrigueras subterráneas.

La segunda caja se cuelga en una posición elevada, a ser posible de forma que una rama lleve a la entrada. Si se tienen dos ardillas, las cajas no deben ubicarse una al lado de la otra, para que los animales puedan separarse si se da el caso. Lo mejor es sujetar las cajas a alturas diferentes o completamente opuestas, en los laterales de la jaula. Como material para el nido, se utiliza, sobre todo, heno fresco, hierba, musgo y retales de tejidos (deberemos evitar los hilos de lana).

Es importante que la caja nido pueda sacarse junto con su contenido, por lo que debe tener una base. Las casas para cobayas y los habitáculos para hámsters son demasiado pequeños (también para el hámster, por cierto) y, por tanto, inservibles, aunque se coloquen encima de una plataforma. Perfectamente válidas son, por el contrario, las cajas de nidificación para periquitos y similares, de venta en tiendas especializadas, que cuen-

Caja nido de construcción casera, con puerta corrediza, fotografiada en casa de Floor van Hoek

tan con una tapa abatible. Aunque las cajas nido para jardín son atractivas, suelen ser poco prácticas, porque muchas veces se abren solamente por delante. Una sugerencia: si no le gusta el aspecto de la caja para periquitos, revista la cara frontal y los laterales con cortezas.

Resulta muy ventajoso prever la posibilidad de cerrar la entrada de la caja. De esta forma, se asegura a la ardilla mientras se limpia o se acondiciona la jaula. Además, permite transportar al animal en su nido acostumbrado, por ejemplo, a otra jaula (para separar a un macho de una hembra preñada) o al veterinario.

Como aficionado al bricolaje, no le resultará difícil adecuar funcionalmente una caja nido comprada, instalando una pequeña puerta corrediza. La puerta puede cerrarse desde fuera con ayuda de una varilla introducida a través de la reja antes de abrir la puerta de la jaula.

Más práctico, si cabe, es colgar la caja nido en el exterior de la jaula y montar una puerta corrediza. De esta forma, es posible recluir prácticamente a la ardilla mientras se limpia el nido (especialmente conveniente si la ardilla es nueva y temerosa, y corre a refugiarse al nido nada más abrir la puerta de la jaula), para encerrarla en el mismo mientras se limpia la jaula o para transportarla.

La condición es que exista en la reja de la jaula una abertura adecuada, con el cierre correspondiente, para que la ardilla no tome las de Villadiego al desmontar el nido.

Téngase en cuenta esta posibilidad al planificar una construcción casera. Si, finalmente, se decide por una jaula comercial, preste atención, sobre todo, a que tenga suficientes puertas.

Si es usted un experto en bricolaje, puede construirse, naturalmente, su propia caja nido. Floor van Hoek, un aficionado especializado, desde hace muchos años, en la tenencia y en la cría de ardillas en los Países Bajos, me permitió observar un diseño especialmente ingenioso. Utiliza cajas de madera de construcción casera, provistas todas de una puerta corrediza metálica, para ardillas de todas las especies y tamaños. Sin embargo, lo realmente ingenioso de estas cajas es el techo, que, a diferencia de las cajas nido comerciales para pájaros, no es una tapa abatible de madera. En la parte superior de la caja, ha colocado una reja metálica y encima de los listones de madera, fijados en el borde delantero y trasero, descansa una baldosa resistente que hace las veces de tejadillo. (Usaremos una loseta si la especie es grande y fuerte.)

Las ventajas de esta construcción son evidentes. Gracias a la solidez de la puerta corrediza, la ardilla queda retenida a prueba de fugas en la caja, incluso durante transportes largos. La posibilidad de quitar la baldosa permite inspeccionar la caja con la ardilla dentro. Ésta no puede escapar, porque se lo impide la reja metálica del techo. La reja y los espacios entre la baldosa y el borde superior de la caja aseguran una ventilación óptima del interior. Por último, el techo de baldosa proporciona un comedero idóneo y fácil de limpiar si la caja se instala dentro de la jaula. En la práctica, se ha demostrado que las medidas más adecuadas para una caja nido de construcción casera son 15 x 15 x 20 centímetros. Las medidas necesarias para otras especies de ardillas son un aspecto que abordaré más adelante.

Otros componentes importantes del equipamiento de la jaula son los bebederos y los comederos.

No utilice cuencos de agua. La ardilla no tardaría en volcarlos y el contenido empaparía el lecho. Es mejor utilizar una botella bebedero, como las que se venden, en diferentes tamaños, en las tiendas de animales. Sujetaremos la botella bebedero en el exterior de la reja. La boquilla asoma, entonces, al interior de la jaula y permite a la ardilla apagar su sed. Las ardillas prefieren agua fresca, puesto que, en libertad, cubren sus necesidades, a menudo, lamiendo las gotas del rocío de la mañana. Por esta razón, recomiendo elegir un botellín no demasiado grande. Las botellas grandes inducen a no cambiar el agua a diario y a dejar una reserva para algunos días.

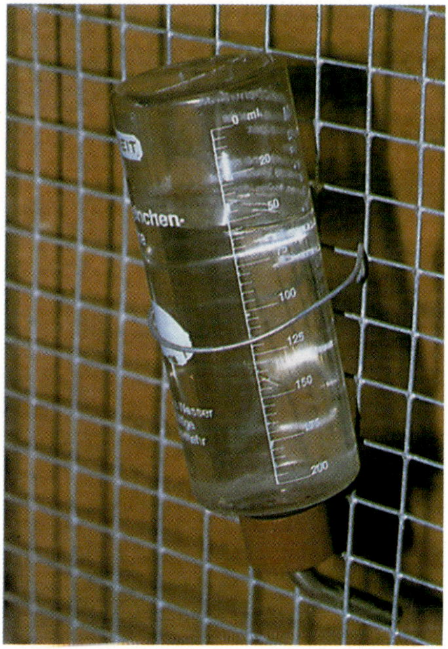
Bebedero característico, adecuado para las ardillas estriadas

En principio, no tiene ningún sentido biológico utilizar comederos para las ardillas, que, por naturaleza, están adaptadas a buscar el alimento en una extensión de terreno muy amplia y, en el caso de la ardilla estriada, a remover la capa superficial del suelo del bosque. Un comedero repleto representa, por tanto, una concentración completamente artificial de alimento en un solo punto, y frustra el comportamiento natural de la ardilla. Ésta se ve obligada a compensar, de alguna forma, el tiempo de ocio ganado al no tener que buscar el alimento, e intenta, muchas veces, consumir la energía no liberada trepando y saltando frenéticamente. Esta actividad puede desembocar en las estereotipias de movimiento descritas anteriormente.

Lo correcto sería dispersar la comida por la jaula, y, por qué no, ocultarla, en parte, debajo del lecho o cubrirla con hojarasca. Gracias a su fino olfato, el animal encuentra la comida fácilmente.

Por otra parte, tampoco quiero callarme las desventajas de esta forma de alimentación. Después de dos o tres comidas, el suelo de la jaula ofrece un aspecto descuidado para nuestro gusto, porque hay cáscaras de nueces y semillas por todas partes. El otro inconveniente es que no podemos controlar exactamente la cantidad de comida consumida.

Pese a todo, continúo abogando por la alimentación sin comedero. Para empezar, compruebe la cantidad diaria que consume su ardilla alimentándola con un recipiente. Inspeccione también cada día la caja nido donde la ardilla guarda las provisiones. Si no hay provisiones, significa que la cantidad de alimento proporcionada fue, eventualmente, demasiado escasa. Una vez que se ha dado con la cantidad correcta, puede pasarse a la alimentación natural. Si le molesta el aspecto abandonado que presenta el suelo, queda la solución de limpiar la jaula más a menudo. En cualquier caso, las cáscaras vacías no molestan, en absoluto, a la ardilla, y no constituyen un foco de enfermedades para el

Mientras buscan alimento, las ardillas estriadas registran afanosamente la capa superficial del suelo...

...transportando sobre todo las nueces a posiciones elevadas para degustarlas

animal. Si se las alimenta con un comedero, las ardillas no permanecen inmóviles delante del cuenco mientras se comen las nueces y las semillas, sino que prefieren trepar, sobre todo con nueces y con alimentos de cáscara dura, a un puesto de reposo elevado, desde donde dejan caer, descuidadamente, las cáscaras vacías.

Algo diferente es la alimentación con fruta y verdura. La comida rica en agua (por ejemplo, pepinillos, naranja, kiwi) debe proporcionarse, preferentemente, en un comedero, para que no moje el suelo. Naturalmente, esto sólo funciona si el tamaño de los trozos es tal que impide a las ardillas sacarlos del recipiente. De lo contrario, el animal intenta arrastrarlos a su lugar preferido o, incluso, al nido. Éste es un hábito que, desde el punto de vista higiénico, debe evitarse. Los trozos de manzana y de zanahoria, y las hojas de verdura, pueden depositarse directamente sobre la cama; no hace falta utilizar el comedero.

¿Qué aspecto tiene un comedero adecuado? Existen dos posibilidades. El comedero puede colgarse en la reja, para lo que se compra, normalmente, uno de los usuales comederos grandes para papagayos. Si el comedero se coloca en el suelo o encima del nido, debe ser pesado y a prueba de vuelcos. Se ha demostrado la eficacia de las fuentes de loza con borde curvado hacia el interior, de las que hay varios tamaños diferentes. Los comederos metálicos de cromomanganeso o de acero inoxidable, como los que se utilizan para los perros, son especialmente adecuados para los alimentos jugosos, por la facilidad con que se limpian. Sin embargo, puesto que pesan muy poco y, por tanto, vuelcan fácilmente (sobre todo, si la ardilla se acomoda en el borde), hay que suspenderlos en un soporte también comercial o sujetarse con piedras colocadas alrededor. Los platillos desechables y las pequeñas compoteras son, a todas luces, inadecuados.

Si tiene dos ardillas juntas, cuente con que necesitará un comedero por animal o dos si los granos se proporcionan, también, mediante este procedimiento. Este reparto ofrece a las ardillas la posibilidad de evitarse durante las comidas, ya que incluso

Las fuentes de acero al cromomanganeso sirven como comederos, aunque deben afianzarse con piedras o con similares, porque vuelcan fácilmente

los animales tienen días malos en los que no se entienden tan bien con su pareja. No coloque los comederos uno junto al otro, sino en rincones diferentes. Los comederos para papagayos se cuelgan, simplemente, a diferentes alturas en la reja. Generalmente, no se necesita un segundo botellín bebedero, porque no es un lugar muy concurrido por las ardillas.

Con los componentes señalados hasta ahora, tenemos una jaula para ardillas completamente acondicionada. No obstante, no quiero terminar sin mencionar un utensilio más, cuya utilidad está muy en entredicho: el rodete o rueda.

Por norma, no soy enemigo de utilizar la rueda, incluso la recomiendo, encarecidamente, para la tenencia de hámsters dorados. Existe, sin embargo, una diferencia fundamental con respecto a la tenencia de ardillas. Mientras que el hámster trota kilómetros y más kilómetros a la búsqueda de alimento, el patrón de movimientos de la ardilla estriada consiste en correr, saltar y trepar. El instinto de movimiento del hámster puede aplacarse adecuadamente con un rodete (cosa que discuten muchos amigos de los animales, para los que un hámster que corre en la rueda es un animal inadaptado). Empero, la rueda no puede sustituir la gama de movimientos de la ardilla, mucho más variada. Es preferible proporcionar al animal muchos objetos para trepar, a ser posible de características diferentes (por ejemplo, ramas gruesas, ramas finas, piedras y raíces). Si después queda todavía suficiente espacio para saltar entre los objetos y la ardilla dispone, además, de una capa de cama para escarbar y para remover, puede prescindirse, tranquilamente, de la rueda. Los rodetes se ofrecen con los hogares para ardillas, que, de entrada, son demasiado pequeños para ajustarse a las necesidades de la especie, ya que tienen la misión de sustituir a las ramas. Repito una vez más mi punto de vista: en un hogar como éste, puede tenerse, perfectamente, una pareja de pinzones cebra, pero, por favor, que a nadie se le ocurra meter a las ardillas estriadas.

Una jaula en el jardín

La construcción de una jaula para ardillas estriadas o para otra especie de ardilla que pase bien el invierno no reviste demasiadas complicaciones. Se comienza construyendo un armazón de postes de madera, para lo que recomiendo utilizar madera impregnada a presión. Ésta no necesita impregnarse continuamente y es inofensiva para las ardillas, en el supuesto de que se les ocurriera roerla.

Es importante cerrar el suelo de la jaula, para que no pueda ser socavado. No sólo para evitar que pueda esca-

Jaula de jardín para ardillas estriadas (planta, véase figura derecha)

1 Capa de arena
2 Portezuela para llenar el comedero
3 Bebedero
4 Rama para trepar y reposar
5 Suelo (tierra, hojarasca, virutas)
6 Caducifolio (no venenoso)
7 Montículo de piedras (a prueba de derrumbe)

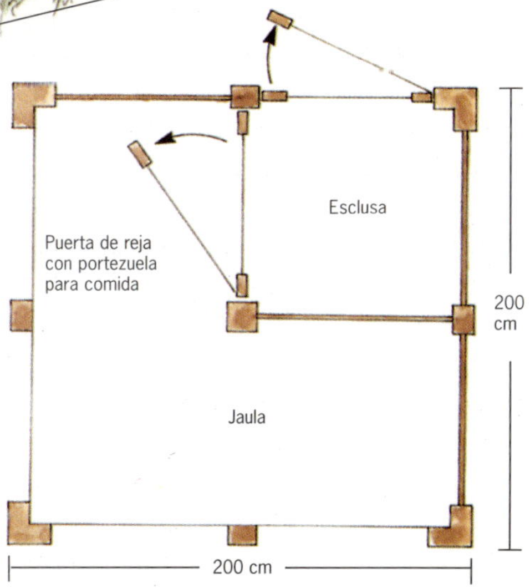

Poste de madera

Reja

Paredes de madera

parse la ardilla, sino también para impedir que entren ratas y comadrejas, hay que hundir la reja de 50 a 100 centímetros en el suelo. Para mayor seguridad, se instala, además, una tela metálica horizontal o se echa una delgada capa de hormigón (atención al drenaje) a esta profundidad, cubriéndolo después con tierra.

Para impedir que se escape la ardilla al entrar en la jaula, es aconsejable planificar una esclusa (a menos que la jaula sea lo suficientemente grande para que pueda entrar directamente). La esclusa es una antejaula con una puerta, que se cierra antes de abrir la puerta principal de la jaula.

El siguiente paso es fijar la malla metálica a la estructura de la jaula. Si su jardín es visitado frecuentemente por gatos, conviene fijar una reja en las caras frontal y trasera de los postes verticales (enrejado doble). El motivo es que los gatos pueden infringir graves heridas a las ardillas mientras éstas cuelgan en la reja. Las lechuzas son, también, un peligro, aunque su periodo de actividad coincide, normalmente, con el descanso nocturno de las ardillas en sus nidos. La parte trasera de la jaula debe estar cubierta, como protección contra la lluvia. Si las paredes de su casa no protegen la jaula contra las inclemencias atmosféricas, deben construirse unas paredes de madera en el lado expuesto a la lluvia y al viento. Además, hay que asegurar suficientes zonas de sombra, para evitar que las ardillas mueran por insolación. Lo idóneo es orientar la parte delantera de la jaula al Este.

El acondicionamiento de una jaula de jardín se asemeja, en gran medida, al de una jaula de interior, pero a gran escala. Las jaulas suficientemente grandes pueden, incluso, plantarse. Las plantas venenosas no pintan nada en el interior ni alrededor de la jaula. No sería la primera vez que se producen intoxicaciones, porque alguna rama ha crecido a través de la reja o porque algún visitante incauto ha arrancado algunas hojas de los arbustos circundantes para darle una alegría a la ardilla.

A fin de no atraer innecesariamente la atención de los ratones con la comida para las ardillas, considero adecuado montar un estante comedero en la reja y planificar una portezuela en este sitio. De este modo, pueden llenarse y cambiarse los comederos sin necesidad de entrar en la jaula. Los comederos son (casi) inalcanzables para los ratones si el estante se instala a un metro o más del suelo.

Los propietarios de ardillas tienen opiniones contrapuestas acerca de la posibilidad de hacer convivir ardillas y pájaros en una jaula de jardín suficientemente grande. Si bien es cierto que se han dado experiencias positivas, son tantos los factores a tener en cuenta que desaconsejo realizar este tipo de experimentos.

Para terminar, una advertencia de interés: si las ardillas han de pasar también el invierno en la jaula, necesitarán un lugar para hibernar, a salvo de las heladas. Dos son las posibilidades: o bien el suelo de la jaula tiene un metro de profundidad (suficiente para que las ardillas puedan excavar una madriguera), o bien se construyen grandes cajas nido aisladas (con doble pared), con abundante material de nidificación. Personalmente, recomiendo el tamaño siguiente: 30 x 20 x 20 centímetros.

CUARTA PARTE

ALIMENTACIÓN

El menú de la ardilla estriada

La alimentación de la ardilla es sencilla y no requiere una dedicación especial ni gastos extraordinarios. Se compone de una dieta básica (granos y nueces), de alimento jugoso (fruta y verdura), de una dieta suplementaria (ramas y alimento animal) y, por último, de agua.

La dieta básica

Mientras que, con otros animales de compañía, he podido comprobar que las mezclas de pienso comerciales pueden sustituirse con éxito por mezclas elaboradas en casa, recomiendo encarecidamente utilizar las mezclas comerciales para la alimentación de las ardillas. Eso no significa, sin embargo, que no puedan enriquecerse con suplementos nutritivos. Por otra parte, no sale a cuenta mezclar el propio pienso para las ardillas. Muchos de los ingredientes necesarios pueden obtenerse, solamente, en grandes cantidades a granel, de forma que, después de mezclarlos adecuadamente, se obtendrían varios kilos de pienso. Puesto que, generalmente, se tiene una ardilla, a lo sumo dos, que, además, consumirán bastante poco pienso, sería a todas luces excesivo preparar tales cantidades. Por otra parte, el hecho de que las nueces y las semillas no pueden almacenarse eternamente inclina la balanza a favor de las mezclas comerciales.

Las mezclas de pienso preparado se componen de varias clases de cereales, de semillas de girasol, de cáñamo, de bayas secas, de cacahuetes y de semillas de pino de los Alpes. Los dos ingredientes señalados en último lugar son especialmente estimados por las ardillas y muy adecuados para domesticarlas, al objeto de que coman de la mano.

Como puede verse, muchos de los ingredientes son ricos en grasas. Sin embargo, la adiposidad es un fenómeno extraordinariamente raro en las ardillas estriadas, y es siempre consecuencia de la falta de movimiento. Mucho movimiento y un metabolismo diferente al hámster dorado y al degú permiten a la ardilla estriada y a otras especies del grupo utilizar, con la máxima eficiencia, las grasas consumidas. Por esta razón, es casi imposible sobrealimentarlas.

La mezcla preparada puede completarse con avellanas y nueces, escaramujos secos y bayas de serbal (serbas), bellotas, hayucos, castañas, piñas de alerce y otras piñas, copos de avena, guisantes secos, algarrobas, pasta seca y trozos de bizcocho duro. ¡Atención: nunca les dé de comer almendras! El ácido cianhídrico que contienen representa para sus ardillas la muerte segura. Debido a las preferencias y a las aversiones individuales, puede suceder que su ardilla rechace algunos alimentos que otras comen con predilección. Por tanto, conviene experimentar con todas las posibilidades.

Muchos tipos de alimentos puede recolectarlos uno mismo en el bosque (bellotas, hayucos, castañas, bayas), dependiendo, claro está, de la estación. Para conservarlos, hay que almacenarlos en seco y, en el caso de las bayas, secarlos completamente. Las provisiones deben controlarse a diario, para comprobar la formación de moho. Si se dispone de un jardín, pueden plantarse diferentes arbustos y, de esta forma, conseguimos dos cosas al precio de una. Muchos arbustos de bayas ofrecen no sólo una reserva de alimento para su ardilla, sino también para pájaros y roedores salvajes. El denso ramaje proporciona, además, lugares de nidificación inmejorables para algunas especies de pájaros. Y no me refiero a groselleros precisamente, sino a arbustos salvajes nativos, por ejemplo, el saúco, el endrino y la rosa silvestre (ésta última, productora del escaramujo). Una de las características menos conocidas de estos frutos es que son también aptos para el consumo humano. La endrina es amarga en la fase de madurez temprana y no forma azúcares hasta que llegan las primeras heladas del otoño. Naturalmente, en el jardín, pueden plantarse, también, avellanos

Los cacahuetes forman parte de la dieta básica de las ardillas estriadas que están al cuidado del hombre y han demostrado ser eficaces como cebo a la hora de la domesticación

y serbales. Infórmese en un vivero o en la asociación de protección de la naturaleza de su zona de residencia sobre los arbustos más adecuados para este fin. De esta forma, pueden combinarse, perfectamente, la afición por la jardinería, la tenencia de animales y la protección activa de la naturaleza.

El alimento jugoso

En lo que atañe a la ardilla estriada, puede decirse que la fruta es preferida a la verdura. No obstante, pruebe a ver si su ardilla muestra interés por un trozo de zanahoria o por una hoja de endibia. La rica oferta de fruta permite un amplio abanico de variaciones, por lo que no es necesario ofrecer cada día el típico trozo de manzana. Aquí, vale la misma regla señalada más arriba: no a todas las ardillas les gusta lo mismo, y es el propietario quien ha de ir probando. Inténtelo con estos tipos de fruta: manzana, pera, ciruela, melocotón, cereza, fresón, mora, frambuesa, arándano, kiwi, etcétera.

No conviene olvidar el cada vez mayor surtido de frutas tropicales. Puede valer la pena experimentar con la naranja, el plátano, el mango, la papaya, etcétera.

Antes de la alimentación, es necesario lavar la fruta y la verdura, para que el animal no ingiera restos de productos fitosanitarios. Puesto que la ardilla estriada no es principalmente frugívora (a diferencia de muchos de sus parientes tropicales), basta con incluir una pequeña ración diaria, por ejemplo, la octava parte de una manzana por animal.

La ardilla debe recibir un pequeño trozo de fruta cada día

En caso de emergencia, puede prescindirse de los alimentos jugosos, puesto que la dieta básica y el agua cubren, sobradamente, las necesidades de la ardilla. Sin embargo, puesto que falta una fuente de vitaminas, conviene enriquecer el agua con un preparado vitamínico para roedores (de venta en tiendas de animales). Por supuesto, más adecuado y más natural es proporcionar alimentos jugosos.

La dieta suplementaria

Bajo este concepto, pretendo englobar todas las clases de alimento que no han de tenerse a mano en todo momento o que desempeñan una función diferente que la de saciar el apetito del animal.

En primer lugar, voy a centrarme en la oferta de proteína animal. En el capítulo dedicado al modo de vida de la ardilla estriada, ya señalé que ésta no busca selectivamente el alimento animal, sino que lo incluye, de pasada, en su menú principal. Las preferencias individuales de cada ardilla pueden variar bastante. Solamente probando, puede determinarse si su animal muestra predilección por un eventual gusano de harina, por un grillo (ambos de venta en tiendas de animales como alimento para animales de terrario) o por un trozo de carne de vacuno cruda picada.

Muchas ardillas buscan, sobre todo en primavera, los brotes tiernos de los caducifolios, un bocado especialmente exquisito. Pero también el resto del año, conviene ofrecer, periódicamente, a la ardilla unas ramas de caducifolio frescas, porque muchas ardillas gustan de pelar la corteza de las ramas jóvenes.

Algunas ardillas roen, también, ramas de coníferas, seducidas por el intenso aroma de la resina. No dude en realizar la prueba con su animal. Como en todos los roedores, los incisivos de la ardilla crecen durante toda su vida y necesitan una intensa actividad roedora para desgastarse adecuadamente. Aunque la alimentación con nueces con cáscara contribuye sobremanera a esta finalidad, puede incluirse, sin temor, algún trozo de pan duro (por supuesto, libre de moho) o de galleta para perros. Las ardillas salvajes roen de buena gana los huesos y las mudas de cornamentas de ciervo que encuentran. De esta forma, ingieren valiosos minerales. A la ardilla cautiva puede ofrecérsele, cuando menos, algún hueso e, incluso, las piedras para roedores de venta en las tiendas de animales.

Las ramas con brotes, especialmente de árboles frutales, son un complemento alimentario nutritivo e interesante para la ardilla

«Un roedor ha de ganarse su comida», reza el eslogan publicitario de un importante fabricante de piensos para sus barritas y sus corazones para roedores. Con esta frase, han dado en el clavo, porque nada entretiene tanto y de forma tan natural a una ardilla como la búsqueda de alimento, aunque en apariencia le plantee dificultades. Por esta razón, las barritas también constituyen un excelente complemento alimenticio para las ardillas estriadas. Las nueces y los granos se han cocido alrededor de un trozo de madera blanda, obligando a la ardilla a roer para separarlos.

Otra observación sobre el tema de las golosinas. No importa cuánto mendigue la ardilla: los dulces no deben figurar en el menú del animal.

El agua potable

En el capítulo precedente, he descrito la forma en que se proporciona agua a la ardilla. Aprovecharé esta oportunidad para hacer hincapié en que no hay que dejar que el agua se enrancie, sino cambiarla cada día. A la ardilla le gusta, solamente, el agua fresca. Los bebederos comerciales para animales pequeños incorporan una junta de caucho que, a lo sumo después de un día, estropea el sabor del agua. Puesto que a nosotros tampoco nos gustaría bebernos esta agua, no puede pedirse a la ardilla que lo haga.

En lugar de agua corriente, también puede utilizarse agua mineral sin gas para llenar el bebedero.

QUINTA PARTE

CONVIVIR CON LA ARDILLA

Cuidados necesarios

Las ardillas estriadas se incluyen en el grupo de los animales de compañía fáciles de cuidar. Se contentan con pequeñas cantidades de alimento, sus excrementos no son malolientes y se asean ellas mismas el pelaje. Si tiene usted una ardilla, sus obligaciones diarias son las siguientes:

- Proporcione a la ardilla la ración de la dieta básica y un trozo de fruta o de verdura.
- Saque los restos de fruta o de verdura del día anterior de la jaula.
- Controle las cajas nido para ver si la ardilla ha guardado provisiones perecederas y si hay un pequeño acopio de granos. (Las provisiones pueden estar también ocultas en la cama.)
- Cambie el agua antigua por agua fresca.
- Observe detenidamente a la ardilla. ¿Da la impresión de estar sana y despierta? Si no es el caso, hay que tomar medidas. La forma de reconocer si una ardilla está enferma se describe en el capítulo *Precauciones a la hora de comprar.*

Si su ardilla ha de vivir en una jaula muy pequeña, entonces el paseo diario es otra de las obligaciones. Las ardillas alojadas en jaulas de tamaño medio (por ejemplo, las jaulas de interior para pájaros pequeños, de venta en las tiendas especializadas) necesitan corretear fuera de la jaula de dos a tres veces por semana. Los aviarios (jaulas) grandes (por ejemplo, el armario transformado que he descrito antes) ofrecen suficientes posibilidades de movimiento como para que el paseo fuera de la jaula pueda convertirse en un acontecimiento dominical sin que esto perjudique al animal.

De dos a tres veces por semana, hay que ofrecer a la ardilla unas ramas frescas para roer y para probar si el animal está interesado en tomar alimento animal. De vez en cuando, conviene esparcir una mano de hojarasca sobre la cama o depositar un manojo de yerba con raíces y tierra adherida. Ambas cosas son objeto de un minucioso examen por parte de la ardilla y pueden tenerla cautivada durante horas.

Como ya he señalado, ni la ardilla ni sus excrementos desprenden malos olores. Por tanto, no es necesario limpiar el habitáculo con la frecuencia que sería necesaria para un conejo o para un cobaya. Si se han formado cálculos urinarios en el suelo, pueden limpiarse fácilmente con vinagre doméstico. Nunca deben utilizarse detergentes domésticos agresivos. Si los restos de alimentos jugosos se sacan a diario, generalmente es suficiente con limpiar la jaula dos veces por semana.

Las ardillas que todavía no se han domesticado deben encerrarse en las cajas nido mientras se realiza la limpieza. Las ardillas domésticas pueden explorar, mientras tanto, la habitación. Algunos animales observan atentamente las operaciones de limpieza desde un puesto elevado, porque saben que, a lo mejor, les aguardan olores desconocidos y excitantes. Aproveche la ocasión y compruebe las ramas de trepar y de descanso, así como los demás componentes de la instalación.

La suciedad puede eliminarse con un cepillo de cerdas rígidas. Si la caja nido se ha empapado de humedad, circunstancia que no debería suceder si se realizan controles diarios, es preciso cambiarla por una nueva; el suelo húmedo es un foco ideal de proliferación de bacterias y de esporas de hongos. Compruebe, también, las ramas. Si están podridas o han perdido completamente la corteza, ha llegado el momento de cambiarlas. Las ramas nuevas y frescas despiertan, sobre-

El aseo del pelaje es cosa de la ardilla; no necesita ayuda humana para este menester

Las ardillas frugívoras como la ardilla de Prevost dan algo más de trabajo que las especies que se alimentan preferentemente de granos y de nueces

manera, la curiosidad de la ardilla, y representan una distracción bienvenida. Distribuya en la cama una mano de heno fresco, para que la ardilla pueda reconstruir el nido, un trabajo que debe realizar sin nuestra ayuda. El material de nidificación existente no ha de sacarse de la caja, a no ser que esté húmedo. Por lo demás, es la ardilla la que se encarga de la renovación. La ardilla asea su pelaje, utilizando los dientes y las uñas. El intento de bañar a una ardilla, además de disparatado, puede comportar la muerte del animal. Si la ardilla sobrevive al trance, puede constiparse gravemente, al quedar completamente empapada e, incluso si esto no sucede, seguramente perderá para siempre la confianza en su cuidador.

Existen ardillas que disfrutan tomando baños de tierra, es decir, se revuelcan en la tierra fresca y húmeda, y frotan su cabeza en la misma. Con un cuenco lleno de tierra para plantas de exterior/interior, compruebe si su ardilla responde a estas características. Si es así, permítale esta diversión tantas veces como quiera. Antes de proseguir, deseo señalar que la lista de cuidados necesarios se refiere a la ardilla estriada. Las especies de ardillas tropicales más frecuentes (por ejemplo, las ardillas de las palmeras y las ardillas arborícolas asiáticas) son, generalmente, frugívoras y producen excrementos con olores más fuertes, así como mayores volúmenes de orina. Por tanto, las jaulas de estos animales deben limpiarse más a menudo que las jaulas de las ardillas estriadas.

La cola erizada es un síntoma de excitación y de temor común a todas las especies de ardilla. Cuanto más acostumbrado está el animal (en la foto, una ardilla zorro oriental o ardilla negra), menos frecuente es este comportamiento

Adaptación y domesticación

En las dos primeras semanas, conviene que deje completamente tranquilo a su nuevo inquilino. Procure cambiar la comida y el agua solamente cuando la ardilla se ha retirado a su nido para descansar, al objeto de no asustarla innecesariamente.

Superada esta fase, normalmente el animal se ha habituado al nuevo entorno entre las cuatro paredes y comienza a interesarse por el mundo exterior a la jaula. Procure pasar tanto tiempo como pueda delante de la jaula. No intente alimentar al animal de la mano y, todavía menos, tocarlo a través de la reja, puesto que de esta forma pasaría por alto un paso fundamental para ganarse la confianza de la ardilla. Antes que nada, la ardilla debe comprender que la persona que la cuida no representa ningún peligro. Para esto, ha de grabarse en la memoria el olor, la presencia y la voz de su cuidador. Hable siempre que pueda con el animal, evitando gestos bruscos. Si bien es cierto que la ardilla no entiende el sentido de las palabras (aunque, a veces, pueda parecerlo), el sonido la tranquiliza. Así y todo, no es necesario dedicarse tan a fondo al animal en esta fase. El objetivo se cumple si pasa suficiente tiempo delante de la jaula, esto es, dentro del campo visual, auditivo y olfativo de la ardilla, practicando cualquier actividad tranquila (jugar a las cartas, coser, leer o lo que suela hacer para relajarse). Esta fase debería durar otras dos semanas.

Los ejemplares juveniles deshabituados comprados directamente al criador tardan menos tiempo en acostumbrarse a la nueva vida que los animales adultos o los animales recién capturados. Por esta razón, pueden darse diferencias en el calendario propuesto. Del mismo modo, existen ardillas que no se domestican nunca, por más paciencia que tenga el cuidador, probablemente debido a alguna experiencia de captura negativa en manos del hombre, no importando si el animal es capturado en una jaula o en su bosque natal.

Estudie atentamente la cola de su ardilla. Una ardilla recelosa, excitada o temerosa tiene los pelos de la cola erizados y bate, nerviosamente, la cola. Esta acción va acompañada, muchas veces, por chillidos de advertencia. La ardilla no puede considerarse completamente relajada hasta que deje de erizar la cola cuando la persona se pasea delante de la jaula. Las ardillas especialmente osadas buscan el contacto con su cuidador, acercándose a la reja para curiosear. Sin embargo, el siguiente paso corresponde, generalmente, al tenedor del animal.

Cuando están así las cosas, ha llegado el momento de intentar dar de comer a la ardilla de la mano. Separe todas las nueces de la ración diaria de pienso. Por norma, el animal las echará en falta y comenzará a buscarlas. Sostenga una nuez que quepa entre los alambres de la reja (o sea, un cacahuete o una semilla de pino de los Alpes), desde el exterior de la misma, y, sobre todo, no se mueva, aunque puede continuar hablando. Antes o después, la ardilla captará el olor del manjar y se aproximará vacilando, y, normalmente, con la cola erizada. Deje que el animal tome la nuez de los dedos y no intente tocarlo o incomodarlo reteniendo el alimento. Si la ardilla no reúne el coraje necesario para dar el paso decisivo, interrumpa el experimento después de algunos minutos, y vuelva a intentarlo más tarde. A más tardar, después del tercer intento realizado el mismo día, hay que dejar las nueces en la jaula y continuar al día siguiente. En algún momento, se romperá el hechizo y su ardilla estriada co-

En el estadio avanzado de domesticación, la ardilla come de la mano de su cuidador

Esta ardilla amansada se siente visiblemente a gusto. En la fotografía, se observan perfectamente los abazones repletos

merá directamente, al otro lado de la reja de la jaula, la nuez ofrecida. En este momento, se ha alcanzado el estado denominado domesticación de reja.

El siguiente paso consiste en introducir el brazo en la jaula y ofrecer las nueces a la ardilla en la palma de la mano. Precisamente con esta finalidad, es útil planificar una pequeña puerta si la jaula es de construcción casera, para no tener que abrir la gran puerta frontal. Si se abre ésta, la tentación de escapar sería un estímulo más fuerte para la ardilla que el poder de seducción de la comida. Si la ardilla se posa en la mano o en el brazo, e, incluso, se deja tocar sin emprender la huida, puede considerarse mansa de mano. En este estadio, se estancan la mayoría de las ardillas, no permitiendo un mayor grado de acercamiento. Solamente una pocas excepciones, por norma general son ardillas adquiridas a muy temprana edad o curadas después de una enfermedad o de una lesión, se amansan completamente. Estos animales se dejan tomar sin oponer resistencia o sin intentar huir, igual que un hámster dorado. Por cierto, hasta que no se alcanza el estado de mansedumbre de mano, no debe permitirse a la ardilla salir de la jaula. De lo contrario, puede suceder que no exista un señuelo capaz de hacer regresar a ardilla entre las cuatro paredes. El resultado es la inevitable persecución por toda la habitación, desagradable para ambas partes, que, además, cuenta con todos los números para destruir, para siempre, la confianza de la ardilla en su cuidador. Por tanto, ármese de paciencia antes de abrirle las puertas a su inquilino.

Apunto otro aspecto que le ayudará a comprender mejor a su protegido. Me refiero, concretamente, a lo que usted como cuidador significa para la ardilla. Muchos amigos de los animales se sentirán desengañados por lo que voy a decir, posiblemente porque le atribuyen al animal necesidades humanas.

El lector ya sabrá que la ardilla estriada salvaje es un animal solitario que ocupa un determinado territorio lleno de árboles y de arbustos productores de alimento, y que defiende, encarnizadamente, contra sus congéneres. La época de apareamiento es la única fase en la que este solitario animal se transforma, durante algunas semanas, en un individuo sociable; la hembra, forzosamente, también durante el periodo de cría. El resto del tiempo, se siente más a gusto solo. (Ya he señalado que, al cuidado del hombre, pueden producirse excepciones a esta regla.)

A diferencia de la tenencia aislada de un animal de hábitos sociales (como pueda ser un perro, un conejo, un cobaya o un periquito), la ardilla estriada no necesita ningún compañero y, por tanto, tampoco establece vínculos estrechos con el hombre. Desde el punto de vista de la ardilla, el cuidador humano ofrece tres aspectos positivos: no es peligroso, proporciona alimento y le permite trepar por su cuerpo. En pocas palabras: para la ardilla no es usted más que un nogal móvil. El cariño que el animal manifiesta por el cuidador pasa por su estómago. Éste es, por tanto, puramente material, y no tiene nada que ver con una relación sentimental. El hecho de que salte llena de alegría cada vez que usted se acerca a la jaula no es un argumento en contra. Si fuera usted una ardilla estriada, el corazón también le saltaría de gozo si viera cómo su nogal se le acerca para ahorrarle la laboriosa búsqueda de alimento. Puede que esto haya desencantado a más de uno, aunque, en realidad, no hay ningún motivo para ello.

La ardilla no tiene ninguna culpa. La falta de vida social responde a su comportamiento natural y no puede modificarse mediante la educación. En lugar de ello, deberíamos alegrarnos de que, pese a todo, la ardilla esté dispuesta a tolerar nuestra continua proximidad. La observación de este activo animal y la alegría que da verlo comer de la mano son una recompensa suficiente a los cuidados dispensados. Si, pese a todo, le falta el lazo sentimental, se ha decidido, lisa y llanamente, por el animal de compañía equivocado. Y no vale la típica disculpa de que no lo sabía. Antes de comprar cualquier animal, es preciso informarse detalladamente sobre sus características y sus necesidades. Después de todo, el manual de instrucciones de un aparato se lee antes y no después de usarlo. La

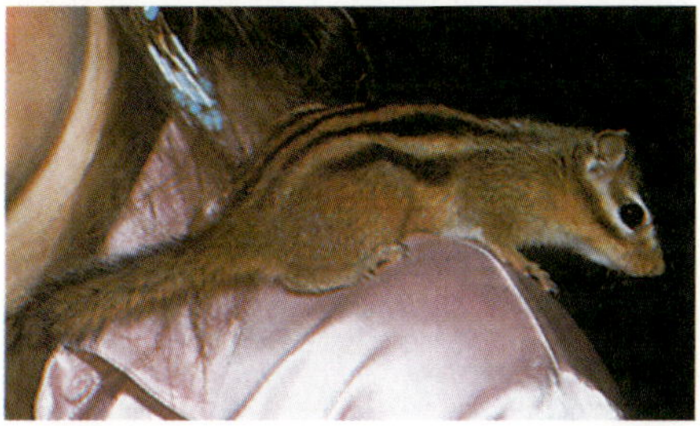

Para una ardilla estriada domesticada, el cuerpo de su humano es un árbol para trepar y un promontorio de observación

diferencia es que los aparatos no pueden sufrir como un animal comprado espontáneamente y con falsas esperanzas.

Captura y manipulación

El método de captura más cómodo para el cuidador y para la ardilla consiste en encerrar al animal en la caja dormitorio mientras descansa y sacar la caja de la jaula. Si se hace inevitable apresar al animal (por ejemplo, si una ardilla no domesticada se ha escapado de la jaula), es conveniente tener a mano un salabre de malla resistente. Además, se necesitan un par de guantes de cuero, puesto que una ardilla arrinconada o apresada con la mano no dudará en hacer uso de sus fuertes incisivos. Para un tratamiento veterinario o para determinar el sexo, la ardilla se sujeta rodeando sus hombros con una mano, de forma que el cuello del animal quede encerrado por el pulgar y por el índice. Con la otra mano, se sujetan las patas traseras. El animal no debe sujetarse nunca por la cola; ésta puede romperse o, incluso, amputarse.

Con ardillas terrestres (susliks y perrillos de las praderas), he podido comprobar que éstas permanecen quietas un instante si se rodea su cuerpo directamente delante de las patas traseras y se las deja colgar cabeza abajo. Aunque no es recomendable sostener al animal mucho tiempo en esta posición, este agarre es muy útil para levantarlo brevemente (por ejemplo, para trasladarlo a otro alojamiento o a una caja de transporte).

Las ardillas domesticadas acuden generalmente sin ningún temor para sentarse en la mano, eventualmente atraídas con algún manjar, y se dejan sacar fácilmente de la jaula. La devolución suele ser algo más dificultosa y la forma más fácil de conseguirlo es no ofreciendo ningún tipo de comida fuera de la jaula. De esta manera, se crea un estímulo para regresar prácticamente irresistible para la ardilla.

Salida de la jaula en una habitación

En el capítulo *Cuidados necesarios*, ya he tocado la cuestión del número de veces que debe dejarse salir a una ardilla estriada fuera de la jaula y que no se la debe dejar salir hasta que coma de la mano. Por tanto, sólo me queda enumerar las condiciones ambientales que deben concurrir.

La salida en una sala vacía, como pueda ser un pasillo, carece de interés para la ardilla. Como ya he señalado, no se trata únicamente de dejar correr a la ardilla, sino de permitirle ejercitar el complejo locomotor correr/trepar/saltar. Para ello, son necesarios los muebles, puesto que, como es natural, en las viviendas humanas no suelen abundar los troncos de árboles, etcétera. Por tanto, una ardilla estriada suelta corretea por los armarios, por las estanterías, por el alféizar y por los muebles para sentarse. Si la habitación se ha empapelado con un tapiz estructural o textil, se las puede observar cómo suben y bajan por la pared, corriendo literalmente. El cuidador y su familia también son asimilados como árboles para trepar y como trampolines. Olores interesantes y nichos atractivos pican la curiosidad de la ardilla, que percibe la vivienda humana como un niño hace con un parque de aventuras.

Pero el pequeño roedor está expuesto a incontables peligros ahí fuera, que deben conocerse y eliminarse dentro de lo posible. Las puertas y las ventanas abiertas resultan muy tentadoras para estos animales. Incluso una ventana abatida es suficiente para fugarse. Por tanto, cierre todas las puertas y las ventanas antes de dejar salir a la ardilla. Si ha de abandonar la habitación o entrar en la misma cuando la ardilla está suelta, preste atención a que no quede cogida con la puerta si intenta seguirle o salir a su encuentro. Antes de dejarse caer en el sofá, asegúrese de que la ardilla no ha introducido su curioso hocico detrás del cojín. Las ardillas estriadas son las más ágiles de cuantos roedores se tienen como animales de compañía. En un abrir y cerrar de ojos, pueden aparecer en un lugar del que estaban muy alejadas hace sólo un momento.

Los jarrones llenos de agua y los acuarios abiertos, o cubiertos inadecuadamente, son trampas mortales para la ardilla.

Si patina en el borde liso y se cae dentro, cosa que puede pasarle también a un trepador y equilibrista tan avezado, puede ahogarse en cuestión de minutos al no encontrar ningún apoyo para salir.

Afortunadamente, las ardillas estriadas no son muy proclives a roer cables eléctricos. De todas formas, conviene no perderlas de vista. Recuerde que las preferencias pueden variar, también, de un animal a otro.

Algo que sí gusta a las ardillas es mordisquear las plantas de interior. Esto es un motivo suficiente para no le-

Si va a dejar salir a la ardilla, no olvide cerrar bien todas las puertas y las ventanas

ner especies tóxicas en la habitación. Consulte en un libro de plantas de interior qué especies son tóxicas para el hombre (especialmente, para los niños). Estas especies también son tabú para los animales vegetarianos. Los cajones abiertos ejercen una atracción irresistible sobre la curiosa ardilla. No olvide cerrarlos antes de dejarla salir.

Tenga siempre presente que una ardilla estriada puede llegar a casi todas partes si se lo propone, incluso, encima de una tabla de planchar, donde una plancha abandonada por descuido puede acarrearle quemaduras muy graves. La mejor habitación para dejarla libre es el cuarto de los niños y la mejor hora, la tarde avanzada o antes de anochecer, puesto que, antes o después, la ardilla se percatará de que es el momento de irse a dormir y, por tanto, de regresar a su caja nido, ahorrándole el trabajo de hacerla volver. Si no pudiera hacerla retornar a la jaula, puede servir de ayuda el truco siguiente: deje abierta la puerta de la jaula, apague la luz y salga de la habitación. Vuelva dos horas más tarde y controle con precaución el nido. Por norma, encontrará dentro a la ardilla durmiendo plácidamente.

Es de mucha ayuda no ofrecerle demasiada comida fuera de la jaula, para hacerla regresar a la misma para comer. El sentido de la orientación está bien desarrollado en las ardillas estriadas, de forma que éstas no tienen dificultad para encontrar el camino de vuelta a su jaula, siempre y cuando estén dispuestas a volver, claro está. Esta regla no vale si la ardilla logra escapar de la casa. Impresionada por olores y ruidos extraños, y asustada por visiones desacostumbradas, se desorienta en poco tiempo y, generalmente, desaparece. No obstante, las ardillas estriadas fugadas permanecen bastante fieles al lugar, tal como demuestran las colonias establecidas en distintos lugares de Europa. Sin embargo, esto no debería inducirle a formar una colonia de burunduk en su jardín. La liberación voluntaria de animales exóticos se considera adulteración de la fauna y está tipificado como delito.

Si tiene otros animales de compañía, extreme las precauciones al dejar salir a la ardilla. Los puntos que deben tenerse en cuenta se describen en el apartado siguiente.

Ardillas y otros animales de compañía

Los perros y los gatos no han perdido nada en la habitación donde una ardilla estriada corretea libremente. Los rápidos movimientos de la ardilla despiertan el instinto de caza en ambas especies de animales. Incluso aunque tengan solamente la intención de jugar, son varias tallas más grandes que la grácil ardilla y pueden matarla involuntariamente en un abrir y cerrar de ojos. Cuando menos, pueden atemorizarla de tal forma que se olvide completamente de volver a la jaula (situada, a menudo, a una altura al alcance de perros y gatos) y pierda, fácilmente, la confianza y la mansedumbre.

Incluso tener un papagayo o una cotorra en la misma habitación puede resultar problemático, aunque la ardilla permanezca encerrada en la jaula. Atraída por el olor del pienso en grano, la ardilla no podrá evitar ejercitarse en la jaula del papagayo. Esto puede asustarlo de tal forma que la emprenda a mordiscos y a picotazos con su potente pico para defenderse, pudiendo llegar a herir de muerte a la ardilla. Los pájaros pequeños, por otra parte, son presos por el pánico cuando la ardilla visita su jaula, y pueden ponerse en peligro ellos mismos. Por tanto, evite dejar pájaros en la misma habitación o traslade eventualmente la jaula a otra sala.

Con los demás animales de compañía (por ejemplo, el conejo, el cobaya, el hámster dorado, la chinchilla o el degú), no suelen surgir problemas si se topan con una ardilla suelta. Estos animales están limitados, en mayor o menor grado, a la vida a ras del suelo, por lo que apenas se cruzan en el camino de la ardilla. Cuando esto sucede, es raro que se produzcan agresiones y, en todo caso, la ardilla siempre es suficientemente ágil como para esquivar, por ejemplo, el ataque de un conejo irritado.

Dentro de la jaula, no debe haber más animal que la ardilla, ni inquilinos de otras especies. Dadas las escasas posibilidades de evasión, es fácil que se produzcan roces con desagradables consecuencias. Solamente en aviarios de varios metros cuadrados de superficie, cabe la posibilidad de alojar conejos o cobayas en el suelo. En relación con la asociación de diferentes especies de ardillas, no existen, todavía, datos empíricos suficientes. Por este motivo, se recomienda realizar estos experimentos con suma cautela.

Sin embargo, sé de casos en los que una ardilla estriada convivía pacíficamente, por ejemplo, con una ardilla arborícola asiática (de sexo indeterminado). En otros casos, se habían combinado con éxito ardillas puramente terrestres (en este caso, susliks o ardillas terrestres africanas) con ardillas arborícolas (en este caso, ardillas comunes o ardillas estriadas africanas *funámbulas*). En las tres situaciones, las jaulas que daban cobijo a los animales tenían tamaños que el aficionado medio, sobre todo en áreas urbanas, no está en condiciones de ofrecer.

Consejos para las vacaciones

Antes que nada, quiero hacer hincapié en un aspecto: la ardilla no debe llevarse de vacaciones. El viaje y la adaptación se traducen, solamente, en estrés para este pequeño organismo, por no hablar de las dificultades de guardar la jaula entre el equipaje de forma que esté protegida de las corrientes de aire y del calor del sol.

Por tanto, busque a alguien que cuide el animal en su ausencia. Naturalmente, lo mejor es dejar al animal en su sitio y confiar los cuidados a un vecino, pariente o amigo. Como ya sabe, los cuidados de una ardilla consumen muy poco tiempo y, puesto que apenas debe haber personas que sientan aversión o tengan miedo de una ardilla, no debería costarle mucho instruir a un cuidador temporal adecuado.

Si no tiene esta posibilidad y la jaula es portátil, puede transportar a la ardilla, eventualmente, al centro de acogida de animales más cercano, mientras está de vacaciones. El coste no es muy elevado. Las tiendas de animales, que, desde luego, acogerán a un periquito o a un conejo, tienen, generalmente, problemas de espacio para alojar ardillas. No obstante, puede valer la pena intentarlo.

Enfermedades de la ardilla

Las enfermedades y las lesiones de las ardillas son, normalmente, el resultado de errores de tenencia. No hay ninguna especie de ardilla doméstica, es decir, que se haya convertido en animal doméstico. Observe la importante diferencia entre animal doméstico (animal útil) y animal de compañía (de entretenimiento). Los animales domésticos son menos resistentes a las enfermedades que los animales salvajes, que es lo que son todas las especies de ardillas, resultando irrelevante que hayan nacido en cautividad varias generaciones. (La domesticación comienza con la cría selectiva de una característica determinada como, por ejemplo, el tamaño, la longitud del pelaje o la producción de carne.)

La poca propensión a las enfermedades de una ardilla bien cuidada queda demostrada por la información que me facilitó un conocido mío de los Países Bajos, ya citado en este libro, producto de sus largos años de experiencia con ardillas de todas las especies. Si bien es cierto que registró bajas por luchas fratricidas entre sus efectivos, no constató más que un caso de enfermedad grave, concretamente una pulmonía en un ejemplar de ardilla arborícola asiática. De las especies de ardilla que he cuidado personalmente (ardillas estriadas, susliks y perrillos de las praderas), ninguna ha caído enferma y, salvo un caso aislado, no han sufrido, siquiera, trastornos digestivos, como sucede, a menudo, con otros animales de compañía (el conejo, el cobaya, el hámster dorado, la chinchilla). La excepción se refería a mis perrillos de las praderas, que una vez sufrieron diarrea después de comerse hojarasca seca y, por cierto, se restablecieron sin ningún tratamiento especial, solamente dejando de administrar la ración diaria de alimento jugoso.

El único problema relacionado con las enfermedades de las ardillas es que, aunque son poco frecuentes, cuando aparecen evolucionan drásticamente. Esto significa que el estado del animal enfermo empeora rápidamente en pocas horas. Por tanto, estudie a los animales a diario, en busca de posibles síntomas. Éstos se describen en el capítulo *Precauciones a la hora de comprar.* En caso de duda, acuda, sin dilación, a una consulta veterinaria, pues una demora de una hora puede ser cuestión de vida o muerte. El único remedio es, a menudo, una inyección administrada a tiempo.

Los cuadros clínicos descritos a continuación puede tratarlos, eventualmente, usted mismo sin ayuda veterinaria.

• La diarrea es, normalmente, el síntoma de una infección intestinal provocada, a menudo, por un cambio súbito de la dieta. Suprima la alimentación (también las provisiones acaparadas) y el agua durante 24 horas. Hasta la curación, debe alimentar a la ardilla solamente con té negro diluido y con bizcocho duro. Tenga en cuenta que la ingestión de comida en mal estado puede provocar, también, infecciones intestinales. Por esta razón, es preciso eliminar cada día los restos de los alimentos jugosos y asegurarse de que la dieta básica no se ha mojado.

• Las flatulencias son provocadas, asimismo, por cambios repentinos en la dieta o si una ardilla que venía alimentándose de nueces y de semillas (por tanto, también la ardilla estriada) recibe, de pronto, demasiado alimento jugoso y una dieta básica insuficiente. Un abdomen duro y prominente y una respiración rápida son unas señales de alarma de primer orden. También en este caso, hay que dejar ayunar a la ardilla unas 24 horas y no darle ningún tipo de alimento, salvo el señalado para la diarrea. Si el animal viene a la mano, puede aliviar sus dolores dándole un suave masaje en el abdomen.

• La *wet tail disease* (cola mojada) es una patología que pocas veces puede curarse. La ardilla permanece encorvada y apática en el suelo o en el nido, con diarrea líquida y la parte posterior del abdomen mojada (de ahí, el nombre de la enfermedad, que afecta, muy a menudo, al hámster dorado).

Los pabellones auditivos arrancados por un mordisco, como en la ardilla de la fotografía, son señales bastante frecuentes y, generalmente, el resultado de la tenencia de demasiados animales en poco espacio. Las heridas suelen curarse sin complicaciones

En este caso, no está indicado el ayuno, aunque sí conviene sustituir el alimento normal por bizcocho. Además, es recomendable hervir el agua potable. Por norma, la curación es posible solamente si la enfermedad se detecta a tiempo. El desencadenante de esta enfermedad es cualquier tipo de estrés: conflictos sociales entre las ardillas que comparten el mismo espacio, persecución durante las capturas, cambios de entorno y de dieta.

• Los ectoparásitos (parásitos de la piel) como, por ejemplo, los ácaros y las pulgas, son frecuentes, sobre todo, en animales que se tienen en el exterior. El animal se empolva con antipulgas y antiácaros. Si se tienen en el interior, sirve utilizar Paral-Strip. Otro remedio contra los ectoparásitos, dicho sea de paso, son los baños de tierra o de arena, que tanto gustan a las ardillas.

• Las lesiones desempeñan un papel casi más significativo que las enfermedades. Se diferencia entre lesiones provocadas por acciones del hombre (aprisionamiento por una puerta, aplastamiento), accidentes (caídas, quemaduras) o peleas entre congéneres y otros animales. En animales sanos y fuertes, las heridas se curan mejor sin ayuda externa que si se somete al animal al estrés de un tratamiento. Las ardillas no toleran los vendajes en el cuerpo. Por las razones señaladas, hay que dejar que las fracturas, por más leves que sean, se curen naturalmente. Con fracturas complicadas con astillas, se impone, como último recurso, una narcosis rápida. La estructura ósea de la pequeña ardilla es demasiado delicada para colocar clavos y cualquier férula que se le aplique, el animal la separa con sus afilados dientes con la misma prontitud que un vendaje.

• Como todos los demás roedores, las ardillas pueden sufrir, también, malformaciones dentales. Esto se debe a que los dientes de un roedor crecen permanentemente. Si los dientes crecen torcidos por algún defecto congénito o son producto de una lesión (caída de morros), dejan de desgastarse por rozamiento recíproco y crecen en exceso, generalmente sobresalen lateralmente de la boca o se curvan hacia el interior de la cavidad bucal. Como consecuencia, el animal es incapaz de ingerir el alimento y, si no se le trata, muere. Los dientes pueden truncarse con unas tenazas pequeñas o con un cortaúñas, una tarea que no está al alcance de cualquiera. En este caso, recomiendo, también, la visita al veterinario. Sin embargo, el hecho de que los dientes crezcan constantemente obliga a repetir esta operación, desagradable y agotadora para el animal, cada pocas semanas. Seguramente, es mejor para todas las partes implicadas terminar con el sufrimiento del animal. Las ardillas con malformaciones dentales congénitas no deben utilizarse nunca con una finalidad de cría.

Una ardilla estriada puede alegrar la vida de su cuidador entre seis y siete años

• Concluiré este apartado advirtiendo sobre el peligro de envenenamiento al que está expuesta la ardilla cuando corretea libre por la habitación. No olvide sacar todas las plantas de interior venenosas y no deje productos químicos (por ejemplo, limpiadores domésticos, pinturas, etcétera) ni medicamentos al alcance del animal.

¿Qué edad alcanza una ardilla?

No deja de ser sorprendente. Estamos hablando de una especie que lleva varios decenios como animal de compañía y, pese a esto, podemos encontrar en una enciclopedia animal actual la observación siguiente: «Longevidad: desconocida».

¿A qué se debe? Seguramente, a que muchas ardillas estriadas no mueren de forma natural, sino a consecuencia de accidentes, de enfermedades o de luchas fratricidas.

Algunos libros especializados sitúan la edad máxima en diez años. La realidad es que no todas las ardillas, por muy sanas que estén, alcanzan esta edad, del mismo modo que no todas las personas sanas viven más de 100 años.

Una publicación informó, en su día, de edades medias que oscilaban de tres a cuatro años para los burunduks macho y de seis a siete años para las hembras. Lamentablemente, se les pasó por alto mencionar si se trataba de animales solitarios o emparejados. Las ardillas que se cuidan aisladamente y, por tanto, de acuerdo con su modo de vida natural, no se exponen a peleas con otros congéneres y son, por norma, algo más longevas. El hecho de que las hembras se muestren más dominantes en la vida en pareja puede explicar la menor longevidad del macho. La esperanza de vida de una ardilla bien cuidada, respetada por las enfermedades y las lesiones, es de seis a siete años.

SEXTA PARTE

LA CRÍA DE ARDILLAS ESTRIADAS

Consecuencias de la cría

En muchos cuidadores, surge, con el paso del tiempo, el deseo de ver crecer, al menos una vez, una camada de juveniles, sin necesidad de pasar a formar parte del círculo de criadores. Quien tenga, por ejemplo, una hembra solitaria puede ponerse de acuerdo con el propietario de un macho y juntar ambos animales, temporalmente, durante el periodo de apareamiento. Estos acuerdos se conocen como asociaciones de cría y los propietarios de los padres acostumbran a repartirse la descendencia.

Sin embargo, antes de iniciar un intento de cría, deben conocerse las consecuencias del apareamiento de dos ardillas estriadas. Ante todo, se necesitan compradores para los juveniles. Pregunte en las tiendas de animales e indague si hay interesados en su círculo de amistades y familiar. Tenga en cuenta que una ardilla estriada puede traer al mundo hasta diez crías, cada una de las cuales necesita alojamiento. También pueden encontrarse personas interesadas poniendo anuncios en los periódicos, aunque, por norma general, hay que esperar a que la descendencia exista y pueda contemplarse. No obstante, puede intentarlo, igualmente, con un preaviso y confeccionar una lista de espera. Un aficionado que está dispuesto a esperar unas semanas más hasta recibir a su animal se encuentra, seguramente, en condiciones de ofrecer un hogar mucho más adecuado que la persona que no puede esperar a tener el animal; éstos son, a menudo, compradores espontáneos que no se han parado a meditar sobre la compra.

La cría de ardillas es, también, una cuestión de espacio. Cuente con que será difícil encontrar, inmediatamente, interesados para todos los juveniles y que los que quedan han de separarse de la madre en cuanto son capaces de valerse por sí mismos si quiere evitar que sean mordidos. En consecuencia, hay que disponer de una jaula auxiliar del mismo tamaño que la jaula de la madre. Si se tiene una pareja de ardillas, esto significa disponer de espacio suficiente para alojar, eventualmente, tres jaulas. Después de todo, el macho necesita también algún sitio donde refugiarse. Incluso en parejas que conviven todo el tiempo en completa armonía, puede suceder que la hembra preñada se vuelva tan agresiva con su consorte que es mejor sacar al macho.

Las jaulas suplementarias no sólo han de ubicarse adecuadamente, sino que también tienen un precio, igual que la cantidad extra de alimento. Si son sus hijos los orgullosos propietarios de las ardillas, la cría repercutirá drásticamente en la paga. Si participa usted del interés por las ardillas jóvenes, debería echar una mano a sus hijos y actuar como espónsor. El desarrollo de los ejemplares jóvenes ante la mirada de los niños es, además de un gran entretenimiento, un acontecimiento extraordinariamente instructivo.

Por último, se necesitan grandes dosis de paciencia. Si el apareamiento ha tenido éxito, debe olvidarse durante varias semanas de dejar salir a la hembra para que corretee por la habitación. En las últimas dos semanas de la gestación y durante todo el periodo de amamantación, que dura de cinco a diez semanas (con camadas numerosas), la hembra estará completamente ocupada y no tendrá tiempo para diversiones. En las primeras tres semanas después de parir, conviene suspender, también, la limpieza de la jaula, para molestar lo menos posible a la familia. Suprima, incluso, los controles de la caja nido y no los reanude hasta una semana después de la camada (si el animal es manso) y dos semanas (si no lo es del todo). Aun así, no serán diarios, sino que deberá espaciarlos de tres a cuatro días. Procure controlar el nido aprovechando los instantes en que la madre explora la jaula. No intente nunca ahuyentarla del nido; el animal se sobresalta de tal manera que, a su regreso, puede matar a los pequeños en un arrebato de excitación. Su curiosidad, y sobre todo la de sus hijos, tendrá que pasar una dura prueba. Hable con ellos acerca de los motivos por los que deben contenerse, en lugar de prohibirles directamente y sin explicaciones el acceso. Si un niño sabe que con su curiosidad puede comprometer la vida de las crías, estará más dispuesto a esta pequeña renuncia, que, en este caso, es temporal.

Apareamiento y embarazo

Si no se cuenta entre los agraciados propietarios de una pareja de ardillas estriadas que convive en plena armonía, hay que solucionar, antes que nada, el problema del apareamiento entre dos individuos solitarios. Ha leído usted bien: el problema. Recuerde que, fuera de la época de reproducción, las ardillas estriadas pueden mostrarse reservadas y hasta hostiles

Aunque, naturalmente, es muy tentador criar a una familia entera de ardillas, se necesita mucho espacio para ello

frente a otros congéneres. Por este motivo, no pueden juntarse, sin más, dos ejemplares de burunduk en una jaula y esperar que traigan pequeños al mundo.

En principio, no debe introducirse nunca un macho en la jaula de una hembra. Las hembras defienden su territorio con más agresividad, y pueden herir mortalmente al macho, que se siente inseguro en el territorio ajeno. La situación contraria es más segura. La mayor agresividad de la hembra se ve neutralizada por la inseguridad en el entorno nuevo, mientras que la del macho es compensada por su interés sexual. Otra posibilidad consiste en reunir a ambos animales en suelo neutral, es decir, en una jaula desconocida para las dos ardillas.

Los pelos erizados de las colas permiten observar claramente la excitación de los animales reunidos. Mientras giran uno alrededor del otro y se olisquean, realizan movimientos serpenteantes con sus colas. Antes o después, se inicia una persecución que conviene seguir con atención. Si comienzan a morderse, hay que separar a la pareja y dejar pasar de dos a tres días hasta el siguiente intento. Tenga en cuenta que las ardillas estriadas tienen un periodo de apareamiento fijo en su hábitat natural. La probabilidad de que se apareen es más alta entre finales de marzo y principios de mayo.

Tarde o temprano, despierta, finalmente, el interés sexual en ambos animales y la persecución, inicialmente seria, se convierte en una escaramuza pueril que culmina con el acoplamiento. El macho, sentado detrás de la hembra, sujeta firmemente los flancos de la misma y completa la cópula. La operación se repite, generalmente, varias veces y durante sucesivos días. En los días después del apareamiento, observe detenidamente la relación entre las dos ardillas. Si la hembra comienza a perseguir al macho, sáquelo de la jaula para evitarle el estrés y las lesiones. Algunas hembras toleran la presencia de su compañero, incluso, durante el periodo de gestación. El macho se limita a abandonar el dormitorio compartido y a instalarse en un nido secundario. Puesto que la hembra prefiere elegir entre dos casas cuna, se deduce la necesidad de prever tres cajas nido. La hembra necesita descanso durante la gestación. Lo que esto significa ya lo he señalado en el apartado anterior. La gestación dura de cuatro a cinco semanas. En este tiempo, es ventajoso ofrecer minerales suplementarios en forma de huesos o de piedras de roedor. Durante la gestación y la cría de los pequeños, aumentan, asimismo, las necesidades de líquido de la hembra. Si no se cubre esta demanda, puede no producir suficiente leche.

La ardilla juvenil

Después de varias semanas de espera, ha llegado el momento: la hembra de ardilla, visiblemente más delgada, abandona la caja nido para recobrar fuerzas. El nido suele contener de tres a seis pequeños (diez, en casos excepcionales). Éstos están desnudos y ciegos, y no se asemejan, en lo más mínimo, a su progenitores. Más bien, se parecen a los ratones recién nacidos, puesto que no hay ni rastro del dibujo de las líneas y falta, naturalmente, el denso pelaje de la cola.

Poco a poco, se observa la coloración de la piel y, antes de que salga el pelo, aparecen las franjas dorsales que le dan el nombre. Después de, aproximadamente, tres semanas, el pelaje ha cubierto todo el cuerpo de las crías, aunque todavía es muy corto y aterciopelado. La cola necesita algo más de tiempo, hasta adquirir el acostumbrado aspecto poblado. Pasado este tiempo, abren también los ojos, y las pequeñas ardillas otean, por primera vez, desde la entrada de su habitáculo.

La madre y el hijo todavía se entienden bien, aunque pronto el pequeño deberá seguir su camino, de lo contrario, serán sus padres quienes le empujen a ello sin miramientos

Las proporciones corporales de las ardillas estriadas juveniles son muy diferentes a las de los adultos. Obsérvese la relación pie posterior/cuerpo en el ejemplar de la fotografía

Poco después, dan los primeros pasos, todavía bastante torpes, en el arte de trepar. La solícita madre los transporta, una y otra vez, de vuelta al nido, pero la curiosidad de las crías puede más y las incita a abandonar la seguridad del hogar. Después de muchos viajes, la madre desiste y tolera las excursiones, cada vez más largas, de sus pequeños, aunque continúa defendiéndolos con ahínco contra otros congéneres. Por esta razón, tampoco deja que se acerque el padre de las criatu-

Ardilla estriada con seis semanas de edad

ras, que, por otra parte, no muestra ningún interés por sus retoños. Incluso, se tolera su presencia en la jaula, aunque el contacto con los pequeños es muy reducido. Sin embargo, si ha sido necesario sacarlo de la jaula, bajo ninguna circunstancia debe introducirse de nuevo al macho con la hembra, hasta que las crías se hayan independizado y sacado de la jaula.

El tiempo de amamantación varía, según el número de crías, de cinco semanas (para camadas pequeñas) a diez semanas (para camadas muy numerosas). Como valor medio, se aceptan siete semanas. Después, hay que separar a los pequeños de la madre, para evitar que ésta los ahuyente con eventuales heridas a causa de mordiscos.

Normalmente, los pequeños se soportan entre sí hasta la primavera siguiente, pasando después al modo de vida solitario que les dicta su naturaleza.

Si las condiciones climáticas son favorables y se encuentra a otro compañero, puede producirse una segunda camada en verano. En cautividad, puede influirse en este factor, y preparar, eventualmente, una segunda camada. Si considera que el número de descendientes crece demasiado, existe un método tan sencillo como natural para evitarla. Consiste en separar a los progenitores. Resulta útil tener una jaula doble con reja divisoria donde las ardillas están separadas, pero en contacto olfativo y visual, lo cual facilita un nuevo periodo de convivencia más adelante.

Otra advertencia: las ardillas tienen, también, preferencias individuales que pueden complicar la cría. Algunas parejas se entienden bien toda su vida, pero no producen descendencia. Excluidos posibles errores de tenencia (por ejemplo, falta de espacio), esto puede deberse a que los animales se entienden bien, pero uno no despierta el interés sexual del otro. En este caso, la única solución pasa por cambiar a una ardilla, circunstancia vinculada con la dificultad de habituar a la nueva pareja.

SÉPTIMA PARTE

LA TENENCIA DE OTRAS ESPECIES DE ARDILLAS

Algunas advertencias básicas

Además de la ardilla estriada asiática (burunduk), pueden encontrarse en la tiendas otras especies de ardillas terrestres y arborícolas, algunas de las cuales son perfectamente adecuadas como animales de compañía. Desafortunadamente, existe poca bibliografía acerca de la tenencia de estos animales, razón por la que he completado este libro con la información que sigue.

El conocimiento de las especies es imprescindible, no solamente por cuestiones de protección, según he expuesto al principio del libro, sino también para cuidar y alimentar adecuadamente a los animales. En este contexto, hay que lamentar la falta de

La ardilla de Guayaquil plantea problemas incluso a los cuidadores experimentados. Evite adquirir ejemplares de esta especie, no se deje influir por su aspecto atractivo

confianza que, a menudo, inspiran los comercios especializados. Las ardillas de las palmeras *(Funambulus)* continúan ofreciéndose como ardillas estriadas de la India. Si bien es cierto que ambas especies se asemejan exteriormente, y pueden confundir a un profano en la materia, sus necesidades en relación con los cuidados y la alimentación son bien diferentes. El burunduk, originario de los bosques siberianos, es resistente al frío y se alimenta de granos y de nueces, mientras que la ardilla de las palmeras, procedente de las selvas del sur de Asia, necesita calor y se alimenta de frutos.

Gran parte de la importante información sobre la tenencia y la cría de las especies que se describen a continuación procede, a su vez, de Van Hoek, que ya he mencionado repetidamente en este libro. También me ha rogado que advierta de que el cuidado de determinadas especies de ardillas reviste unas dificultades extraordinarias, prácticamente insuperables, para una persona inexperta, porque estos animales son especialistas alimentarios y es muy raro conseguir acostumbrarlos a otro tipo de alimento. Incluso, cuidadores experimentados se han visto obligados a desistir con estas especies. De aquí mi ruego: aléjense de estos animales. Son, exactamente, cuatro especies:

• *Sciurus granatensis* (ardilla roja tropical).

• *Sciurus stramineus* (ardilla de Guayaquil).

• *Tamiasciurus hudsonicus* (ardilla roja americana o chickaree).

• *Menetes berdmorei* (ardilla de Berdmore o ardilla terrestre de Indochina).

Especializaciones similares, en ocasiones enfocadas a una sola especie vegetal como alimento, se dan con seguridad en otras muchas especies de ardillas, sobre todo si proceden de selvas tropicales. Sin embargo, la ciencia desconoce casi todo de las ardillas tropicales. Por este motivo, debe evitarse que las especies recién importadas caigan en manos de gente novicia. Esto es extensivo, asimismo, para la gran variedad de ardillas planeadoras del sudeste asiático, sobre cuya biología sabemos todavía demasiado poco como para tenerlas como animales de compañía.

Las señas identificativas de las diferentes ardillas que doy en el apartado siguiente no pretenden ser completas, ni mucho menos. Se citan, solamente, las especies que pueden cuidarse sin demasiados problemas en el interior y en el exterior de la casa, y con un historial de experiencias de muchos años. La cría de estas especies plantea pocas dificultades si los cuidados son adecuados.

Puesto que se asemejan mucho en cuanto a los cuidados necesarios, aparecen, de tanto en cuanto, en las tiendas y en los círculos de aficionados, y no hay otro libro de animales de compañía más adecuado que éste para incluirlas. Asimismo, he confeccionado las señas identificativas de las tres pseudoardillas (véase el capítulo *Ardillas que no lo son*). Especialmente, las tupayas, que, como animales diurnos, son pupilos destacados que merecen más atención por parte de los círculos de aficionados.

Especies de ardilla adecuadas para la tenencia en el interior o en el exterior de la casa

Chipmunk

(*Género* Tamias)

El pariente más cercano del burunduk, el chipmunk, se ve pocas veces en manos de aficionados, posiblemente, porque la similitud con su equivalente asiático es demasiado grande. Más fácil de encontrar es el chipmunk oriental *(Tamias striatus)*, que incluso ha formado una colonia libre en el recinto del parque zoológico de Wuppertal (Alemania). Los chipmunks americanos necesitan los mismos cuidados y alimentos que sus parientes asiáticos. Todo lo señalado en la primera parte del libro es extensible a estas ardillas.

Chipmunk oriental

Susliks
(*Géneros* Citellus *y* Spermophilus)

Este género incluye también una especie europea, concretamente el suslik europeo, conocido, asimismo, como suslik común, unicolor o vulgar *(Citellus citellus)*. Este animal está rigurosamente protegido, porque su hábitat (los eriales y las estepas) está amenazado por las explotaciones agrícolas. Adornado con manchas blancas similares a las de un cervatillo, el magnífico suslik manchado *(Citellus suslicus)* del sudeste europeo y de la parte interior de Asia no es frecuente como animal de compañía. Sin embargo, de tanto en cuanto, pueden adquirirse especies de suslik norteamericanas, como, por ejemplo, el suslik de manto dorado *(Citellus lateralis)*, de colores magníficos, y el suslik estriado, denominado también ardilla terrestre de trece líneas *(Citellus tridecemlineatus)*.

- **Tamaño:** entre la ardilla estriada y la ardilla común.
- **Costumbres:** en parejas o en grupos, los machos se soportan y pueden residir, para siempre, con la familia.

Jaula acristalada para la tenencia de susliks

Suslik estriado, conocido también como ardilla terrestre de trece líneas

Los susliks son, exclusivamente, habitantes del suelo y de roquedales (según la especie), y no acostumbran a trepar. Son diurnos.

- **Tamaño de la jaula:** el suelo tendrá una superficie de un metro cuadrado para las especies pequeñas y el doble para las grandes. La altura de la jaula será de 70 a 100 centímetros.
- **Acondicionamiento:** necesitan mucha cama para excarvar, lugares de observación elevados en forma de rocas voluminosas o de raíces y una cubeta a prueba de roedores para los baños de arena y de tierra.
- **Caja nido:** 30 x 20 centímetros de superficie y 20 centímetros de altura. Dos cajas por grupo.

Perrillo de cola negra

Suslik de manto dorado

- **Tenencia en el exterior:** realizable, pues resisten bien el frío. En una jaula exterior o en una instalación al aire libre con un muro de, aproximadamente, un metro y medio, y con una superficie interior lisa. Protección contra la socavación (una capa de hormigón o una reja resistente de acero inoxidable, asegurando el drenaje) a un metro debajo de la superficie del suelo. Practican la hibernación.
- **Alimentación:** alimento en grano (igual que el utilizado, por ejemplo, para los cobayas), copos de avena, raíces, gramíneas, hierbas, bulbos, manzanas, zanahorias y otras remolachas, pan seco, ramas, minerales y pocas nueces y pipas de girasol, pues estos animales engordan fácilmente.
- **Reproducción:** la época de apareamiento va de enero a junio. La ges-

Marmota de bosque o woodchuck

tación dura unos 30 días. Tienen una o dos camadas al año, con entre cuatro y ocho crías por camada.

• **Particularidades:** el suslik de manto dorado fue una especie cuidada durante años en algunos parques zoológicos. Las ardillas antílope o susliks antílope *(Ammospermophilus)* requieren cuidados similares a los susliks.

Perrillos de las praderas **(*Género* Cynomys)**

El perrillo de cola negra *(Cynomys ludovicianus)* es casi la única especie comercializada de este género.

• **Tamaño:** entre el cobaya y el conejo enano.

• **Costumbres:** viven en grupos familiares compuestos de un macho y varias hembras con sus crías. Conviven en estrecha vecindad, llegando a formar inmensas colonias. Son animales exclusivamente terrestres que excavan madrigueras profundas y sistemas de túneles. No debemos tenerlos aislados. Son diurnos.

• **Tamaño de la jaula:** el suelo debe tener, por lo menos, dos metros cuadrados de superficie para dos animales adultos y maduros, y medio metro cuadrado más por cada animal adicional. Puesto que son roedores empedernidos, pueden ocasionar molestias si se utilizan rejas metálicas como paredes (provocan mucho ruido al roer la reja). Es mejor utilizar paredes de vidrio gruesas de un metro de altura o muros de superficie interior lisa con idéntica altura.

• **Acondicionamiento:** igual que para los susliks, pero más resistente.

• **Caja nido:** 60 x 40 centímetros de superficie, 30 centímetros de altura. Las cajas de madera son roídas en poco tiempo; es más conveniente utilizar cajas de obra con tapa abatible o una piedra plana como cubierta. Dos cajas por grupo.

• **Tenencia en el exterior:** realizable todo el año, con varios meses de hibernación. Instalación al aire libre con base de hormigón. Por lo demás, igual que para los susliks.

• **Alimentación:** como los susliks, pero completada con alimento animal.

• **Reproducción:** la época de apareamiento va de enero a junio. Tienen una única camada por año, de la que nacen, generalmente, de tres a cinco crías. Rara vez, tienen de ocho a diez. Necesitan de 28 a 37 días de gestación.

• **Particularidades:** los perrillos de cola negra pueden contemplarse en muchos zoológicos, donde pueden obtenerse ideas para la construcción de una instalación al aire libre. Hasta que son sexualmente maduros, los ejemplares juveniles se pueden tener en casa en recintos más pequeños (un metro cuadrado de superficie) y se domestican fácilmente, aunque pueden volverse imprevisibles conforme envejecen. Su enorme actividad genera mucho ruido en una casa y son sorprendentemente ágiles para su corpulento aspecto. Capturan insectos, ratones y pequeños pájaros, y llegan a desarrollar insospechadas aptitudes trepadoras en la reja. El comportamiento social de los perrillos es muy interesante, aunque no entraré en detalles por cuestiones de espacio. Recomiendo, encarecidamente, consultar la bibliografía especializada correspondiente.

En similares condiciones, puede cuidarse la marmota de bosque americana o woodchuck *(Marmota monax)*, aunque éste es un animal de costumbres solitarias.

Ardillas terrestres africanas **(*Géneros* Xerus *y* Euxerus)**

En las ardillas terrestres africanas, llaman la atención las diminutas orejas y la cola, de apariencia casi espinosa. Para el aficionado, son interesantes, sobre todo, la ardilla terrestre de Geoffroy *(Xerus erythropus)* y la ardilla terrestre del cabo *(Xerus inauris)*.

• **Tamaño:** de una ardilla o algo más grande.

• **Costumbres:** desarrollan una vida social en grupos compuestos de varios machos y varias hembras, de las que los machos se mantienen algo alejados. En cautividad, conviene separarlos de las hembras preñadas. Son animales exclusivamente terrestres y diurnos.

Ardilla terrestre de Geoffroy

• **Tamaño de la jaula:** como para los susliks de gran tamaño.

• **Acondicionamiento:** igual que para los susliks. Aprecian, sobre todo, la arena y el calor. Con temperaturas bajas, hay que instalar un radiador (fuera del alcance de las ardillas, pues existe peligro de quemaduras) en algún lugar del suelo.

• **Caja nido:** véase susliks.

• **Tenencia en el exterior:** no es recomendable, puesto que necesitan siempre calor y un ambiente seco.

• **Alimentación:** como para los susliks.

• **Reproducción:** el apareamiento se produce en cualquier época del año y la gestación dura unos 35 días. Tienen de una a tres camadas por año, con entre dos y seis crías por camada.

Ardillas arborícolas nórdicas
(*Género* Sciurus)

La especie más conocida de este género es nuestra ardilla común *(Sciurus vulgaris)*. Aunque se trata de una especie protegida, y no puede capturarse con la finalidad de ser un animal de compañía, existe una serie de criadores que han conseguido reproducir con éxito varias generaciones de esta ardilla y seleccionan, incluso, variedades de color (por ejemplo, la ardilla común blanca). Además de la ardilla común, podemos encontrar

Ardilla común

también la ardilla gris *(Sciurus carolinensis)*, originaria de Norteamérica, en manos de los aficionados. Es algo más grande que la ardilla común, pero, al ser omnívora, resulta más fácil de alimentar. La ardilla zorro oriental *(Sciurus niger)* es la segunda especie norteamericana que ha llegado hasta nosotros.

• **Tamaño:** como una ardilla o algo más grande.

• **Costumbres:** no son de costumbres solitarias estrictas. Pueden tenerse en parejas, si bien es necesario separar al macho de la hembra preñada. Son ardillas arborícolas que descienden a menudo al suelo. Son diurnas.

• **Tamaño de la jaula:** deberá tener tres metros cuadrados de suelo y unos dos metros de altura.

• **Acondicionamiento:** las mismas condiciones que para las ardillas estriadas, pero utilizando una estructura más resistente. Hay que planificar mucho el espacio para los saltos.

• **Caja nido:** el suelo tendrá 30 x 30 centímetros, con una altura de 20 centímetros. Instalaremos una caja por animal.

• **Tenencia en el exterior:** es posible, pues las tres especies son resistentes al frío. Instalaremos una jaula con reja completa y asegurada contra el socavado. Estas ardillas continúan activas en invierno.

• **Alimentación:** las ardillas comunes y las ardillas zorro son especialistas alimentarias, que se nutren, en primer lugar, de semillas del bosque (por ejemplo, bellotas, hayucos, estróbilos

Ardilla gris

Ardilla zorro

de pícea), de toda clase de nueces, de ramas, de manzanas y algo de alimento vivo. Las ardillas grises son omnívoras y aceptan, prácticamente, cualquier tipo de grano y de semilla, completado, naturalmente, con ramas y con un poco de alimento vivo.

• **Reproducción:** el apareamiento se produce de enero a agosto. La gestación dura entre 38 y 45 días, según la especie. Tienen una o dos camadas al año, con entre tres y seis crías por camada.

• **Particularidades:** de la ardilla común, se conocen variantes de color naturales. En el continente europeo, abundan las ardillas rojas y pardo negruzco, mientas que, en Gran Bretaña, se da el tipo rojo con cola blanca. El color de las ardillas comunes siberia-

Ardilla de Finlayson

nas puede variar de negruzco a gris plateado.

Muy pocas de las ardillas grises que podemos encontrar en manos de aficionados proceden de su continente originario, América. Más bien, provienen de Inglaterra, donde la especie se introdujo con mucho éxito en el siglo XIX. En este país, es más fácil observar ardillas grises que ardillas comunes. Sin embargo, queda por dilucidar si han desplazado realmente a la especie nativa, como todos aseguran, o si han colonizado el hueco dejado por la regresión de la ardilla común.

Ardillas arborícolas asiáticas **(*Género* Callosciurus)**

Estos esciúridos son, casi siempre, ardillas arborícolas con colores muy vistosos, originarias del sudeste asiático. Las selvas de esta zona están pobladas por numerosas especies con incontables subespecies y variantes cromáticas, cuyo hábitat desaparece paulatinamente a consecuencia de la tala y de la roza por incendio. Por esta razón, urge centrar los esfuerzos en criar con éxito los animales importados, en lugar de debilitar, todavía más, las poblaciones libres en vías de extinción mediante capturas indiscriminadas. Las especies más usuales son la ardilla de las plantaciones (*Callosciurus hotatus*), la ardilla de Pre-

Ardilla de Prevost

vost *(Callosciurus prevosti)* y, sobre todo, la ardilla de Finlayson *(Callosciurus finlaysoni)*. De esta última, existen muchas subespecies y variantes de color, cuya gama va del negro azabache al blanco crema.

• **Tamaño:** de una ardilla o algo más grande.

• **Costumbres:** son, exclusivamente, arborícolas. Pueden tenerse en parejas o en pequeños grupos, si bien es necesario separar a las hembras preñadas. Son de costumbres diurnas.

• **Tamaño de la jaula:** como para las ardillas nórdicas.

• **Acondicionamiento:** necesita las mismas condiciones que las ardillas arborícolas nórdicas.

• **Caja nido:** el suelo tendrá 15 x 15 centímetros, con una altura de 20 centímetros. Dispondremos de una caja por animal.

• **Tenencia en el exterior:** no es recomendable, puesto que estos esciúridos son habitantes de las selvas tropicales y no soportan grandes variaciones de temperatura. A lo sumo,

Ardilla de las plantaciones

pueden tenerse en el exterior entre julio y agosto, y solamente si pueden refugiarse en un habitáculo protector cálido y de temperatura constante (en el interior de la casa).

• **Alimentación:** son frugívoras que se alimentan, principalmente, de toda clase de fruta, aceptando, además, pequeñas cantidades de granos, de copos de avena, de ramas y un poco de alimento vivo.

• **Reproducción:** el apareamiento se produce independientemente de la estación y la gestación dura unos 35 días. Tienen una o dos camadas al año y de una a tres crías por camada.

• **Particularidades:** si decide aparearlas, junte, exclusivamente, animales de idéntica procedencia y con el mismo aspecto. Solamente así, puede evitarse la hibridación aleatoria entre subespecies diferentes. Esto afecta, sobre todo, a la ardilla de Finlayson, que, eventualmente, puede encontrarse en las tiendas con la denominación incorrecta de ardilla de Finlay.

Ardillas estriadas arborícolas (*Género* Tamiops)

La elección del nombre de este género no ha sido muy afortunada, porque existen otros géneros de ardillas arborícolas con rayas. La segunda denominación (ardilla estriada enana) no es mucho más brillante que la primera,

Ardilla estriada del Himalaya

puesto que hace pensar, equivocadamente, en una ardilla estriada especialmente pequeña. La única especie actualmente en cautividad es, seguramente, la ardilla estriada del Himalaya *(Tamiops mclellandi)*.

• **Tamaño:** igual que una ardilla estriada o algo más pequeña.

• **Costumbres:** son ardillas arborícolas que conviven en pareja o en pequeños grupos. Es necesario separar a las hembras preñadas. Son diurnas.

• **Tamaño de la jaula:** tendrá 100 x 60 centímetros de superficie de suelo y 150 centímetros de altura.

• **Acondicionamiento:** igual que para las ardillas estriadas.

• **Caja nido:** tendrá unas medidas de 15 x 15 x 15 centímetros y dispondremos de una caja por animal.

• **Tenencia en el exterior:** véase ardillas arborícolas asiáticas.

• **Alimentación:** igual que la ardilla arborícola asiática.

• **Reproducción:** el apareamiento es independiente de la estación y la gestación dura unos 30 días. Tienen de una a tres camadas al año y de dos a cinco crías por camada.

• **Particularidades:** estos esciúridos emiten muchos chillidos y son extremadamente sensibles al estrés. La captura en la jaula debe realizarse exclusivamente encerrándolos en las cajas nido y desmontando la jaula; si se capturan con una red, pueden morir a causa de un trauma fisiológico.

Ardillas de las palmeras (*Género* Funambulus)

A diferencia de las ardillas arborícolas asiáticas, las ardillas de las palmeras de la India se adaptan perfectamente al ambiente alterado por el hombre y penetran, incluso, en las ciudades. En los últimos años, llegan, sobre todo, animales de Paquistán, concretamente la especie ardilla de las palmeras nórdica o de cinco rayas *(Funambulus pennanti)*.

• **Tamaño:** igual que una ardilla estriada o algo más grande.

• **Costumbres:** son arborícolas que conviven en pareja o en pequeños grupos, en los que no se producen conflictos mientras las hembras están en periodo de gestación. Pese a que se describe normalmente como de costumbres diurnas, en las referencias bibliográficas, la mayoría de los propietarios de ardillas de las palmeras importadas del Paquistán en los últimos años afirman que sus animales son más bien de hábitos crepusculares y nocturnos.

• **Tamaño de la jaula:** igual que para las ardillas estriadas arborícolas.

• **Acondicionamiento:** igual que para las ardillas estriadas. Sin embargo, muestran predilección por los objetos verticales para trepar. Se recomienda, por tanto, revestir la pared posterior y las laterales con una corteza rugosa (por ejemplo, corteza de corcho).

• **Caja nido:** igual que para las ardillas estriadas arborícolas.

Ardilla de las palmeras nórdica

• **Tenencia en el exterior:** véase ardillas arborícolas asiáticas.

• **Alimentación:** igual que las ardillas arborícolas asiáticas.

• **Reproducción:** el apareamiento se realiza independientemente de la estación y la gestación dura unos 30 días. Tienen una o dos camadas al año y de dos a cuatro crías por camada.

• **Particularidades:** a menudo, este género se expone en las tiendas bajo el nombre de ardilla estriada índica. Cuidado con las confusiones: las necesidades vitales de estos dos animales son completamente diferentes.

Ardilla arborícola de Kuhl

Ardillas estriadas africanas o funámbulas (*Género* Funisciurus)

Éste es el pariente africano de la ardilla de las palmeras asiática. En manos del aficionado, podemos dar, sobre todo, con la ardilla de Kuhl *(Funisciurus congicus)*, que algunos zoólogos consideran como una subespecie de la ardilla funámbula propiamente dicha y que, en función de esto, debería llamarse *Funisciurus pyrrhopus congicus.*

• **Tamaño:** entre una ardilla estriada y una ardilla común.

• **Costumbres:** igual que la ardilla de las palmeras, diurna.

• **Tamaño de la jaula:** la superficie del suelo será de dos metros cuadrados y tendrá una altura aproximada de dos metros.

• **Acondicionamiento:** igual que la ardilla arborícola nórdica.

• **Caja nido:** igual que para la ardilla arborícola asiática.

• **Tenencia en el exterior:** véase ardilla arborícola asiática.

• **Alimentación:** igual que la ardilla arborícola asiática.

• **Reproducción:** el apareamiento se produce independientemente de la estación y la gestación dura unos 30 días. Tienen una o dos camadas al año y de dos a cuatro crías por camada.

• **Particularidades:** al igual que las ardillas arborícolas asiáticas, deben aparearse únicamente animales de idéntica procedencia. Las diferentes especies y subespecies de este género se parecen sobremanera y pueden mezclarse fácilmente.

Ardillas planeadoras enanas (*Género* Glaucomys)

De las dos especies de este género de ardillas planeadoras norteamericanas, llega hasta nosotros, de vez en cuando, la ardilla planeadora enana del sur o assapan *(Glaucomys volans)*.

- **Tamaño:** igual que una ardilla estriada o algo más pequeña.
- **Costumbres:** son arborícolas que conviven en pareja, en grupos donde sólo hay machos, o en grupos compuestos de un macho y de varias hembras. Para huir o buscar alimentos en otro lugar, cubre considerables distancias planeando entre los árboles. Es nocturna.
- **Tamaño de la jaula:** la superficie del suelo será de dos metros cuadrados, con una altura de dos metros. Aunque pueden tenerse, e incluso criarse, en jaulas más pequeñas, no puede observarse, entonces, el vuelo planeado característico de esta especie.
- **Acondicionamiento:** igual que para las ardillas estriadas, pero dejando más espacio para los saltos y los vuelos planeados.

Ardilla planeadora enana del sur (assapan)

- **Caja nido:** igual que para la ardilla estriada arborícola.
- **Tenencia en el exterior:** en principio, es posible, porque resisten el frío (son parcialmente activas también en invierno). Es preciso montar una reja de malla muy pequeña. Sin embargo, la tenencia en el exterior es un inconveniente para el cuidador, pues los animales son activos solamente de noche.
- **Alimentación:** igual que las ardillas estriadas, pero con una mayor proporción de fruta dulce. Se han obtenido buenos resultados proporcionando una papilla de frutas concebida para lactantes.
- **Reproducción:** la época de apareamiento va de enero a agosto. La gestación es de, aproximadamente, 40 días. Tienen una o dos camadas al año y de dos a seis crías por camada.

• **Particularidades:** como ya he señalado, las medidas mínimas de la jaula pueden reducirse sin detrimento para el animal. Sin embargo, no debería hacerse más que con las ardillas mansas agraciadas con una dosis diaria de paseo, o, mejor dicho, con un vuelo libre por la habitación.

Atención: las ardillas planeadoras enanas pueden desaparecer por los orificios y resquicios menos pensados.

Lirón gris
(Glis glis)

Este roedor, perteneciente al grupo de los lirones o glíridos, forma parte de la fauna autóctona y es una especie protegida. No obstante, en ocasiones, pueden adquirirse animales criados en cautividad por criadores registrados oficialmente. Puesto que el atractivo de los lirones grises no reside solamente en su aspecto externo, sino en el grado de domesticación que pueden alcanzar, es mi intención presentar, brevemente, esta especie.

Lirón gris

• **Tamaño:** igual que una ardilla estriada, pero más corpulento.

• **Costumbres:** son arborícolas que viven solitarios, en parejas o en grupos, en bosques de caducifolios y en huertas antiguas. Colonizan, también, las viviendas humanas, donde por la noche se hacen notar, ruidosamente, en los desvanes. En el semestre cálido, el lirón gris vive en las oquedades de los árboles y en las cajas de nidificación para pájaros, mientras que hiberna en un habitáculo subterráneo. Es un animal nocturno.

• **Tamaño de la jaula:** igual que para la ardilla estriada arborícola.

• **Acondicionamiento:** igual que para las ardillas de las palmeras.

• **Caja nido:** véase ardilla estriada arborícola.

• **Tenencia en el exterior:** es posible, pero hiberna durante varios meses. Puesto que solamente se anima por la noche, el cuidador no puede disfrutar del animal.

• **Alimentación:** pienso básico, como para la ardilla común, añadiendo mucha fruta dulce. Algunos animales se convierten en verdaderos omnívoros. De vez en cuando, puede proporcionarse papilla de frutas para niños. Además, aceptan brotes, hojas (sobre todo de roble), cortezas y, eventualmente, alimento vivo.

• **Reproducción:** la época de apareamiento va de junio a julio y la gestación dura, aproximadamente, de 30 a 32 días. Tienen una camada al año, de entre cuatro y seis crías. Excepcionalmente, pueden llegar a tener hasta diez crías.

• **Particularidades:** conforme se aproxima el otoño, los lirones han comido tanto que han engordado hasta parecer casi tan anchos como largos. Sin embargo, se trata de un proceso natural en que almacenan un depósito de grasa para el reposo invernal.

Si bien pueden tenerse todo el año dentro de la casa, en estas circunstancias, no producen, generalmente, descendencia. Al parecer, necesitan hibernar para prepararse de cara a la época de reproducción. Los lirones, al igual que el resto de los glíridos, no deben sujetarse nunca por la cola; de lo contrario, se desprende la piel de la misma.

El falangero (petauro) ardilla
(Petaurus breviceps)

Los petauros son marsupiales y, por tanto, lejanos parientes del canguro y del coala. La subespecie *Petaurus breviceps papuanus,* procedente de Nueva Guinea, es bastante frecuente en las secciones de animales nocturnos de los parques zoológicos. Eventualmente, se pueden adquirir animales criados en cautividad en los zoológicos.

Falangero ardilla

• **Tamaño:** igual que una ardilla estriada o algo más grande.

• **Costumbres:** son arborícolas que conviven en grupos de hasta 12 individuos (varios machos y varias hembras) y defienden un árbol cargado de alimentos frente a otros grupos. Es un animal planeador, igual que las ardillas planeadoras. Es nocturno.

• **Tamaño de la jaula:** igual que para la ardilla arborícola asiática.

• **Acondicionamiento:** igual que para las ardillas estriadas, pero procurando dejar más espacio para los vuelos planeados y los saltos.

• **Caja nido:** la base será de 30 x 20 centímetros, con unos 20 centímetros de alto. Dispondremos de dos cajas por grupo.

• **Tenencia en el exterior:** no es posible.

• **Alimentación:** resulta difícil, pues en libertad se han especializado en comer polen, resinas, néctar e insectos. Como alimento sucedáneo, pueden servir las papillas de frutas para niños, complementadas con fruta muy dulce y pasada, y con (esto es muy importante) insectos, a ser posible saltamontes y grillos, que los animales mansos toman directamente de la mano. Algunos petauros se acostumbran, incluso, al alimento en grano, pero es más bien una excepción.

• **Reproducción:** la subespecie de Nueva Guinea no tiene una época de apareamiento fija. La gestación en sí no dura más de 16 días. Después, las crías permanecen otros 70 días en el marsupio de la madre. Tienen dos crías por camada.

• **Particularidades:** los falangeros pueden amansarse completamente y disfrutan volando hacia su cuidador cuando se los libera dentro de una habitación. Producen diferentes secreciones con las que marcan continuamente su entorno y también a los miembros del grupo. De esta forma, el grupo adquiere un olor típico que sirve, asimismo, para delimitar el territorio.

Tupaya común (tupaya)

Tupaya común (tupaya)
(Tupaia glis)

Esta pseudoardilla se tenía antaño como un animal insectívoro (como el erizo común y el topo); después, como un prosimio primitivo. Actualmente, se clasifica a los tupaidos como un orden de mamíferos independiente. Estos animales son originarios del sudeste asiático.

• **Tamaño:** igual que una ardilla estriada o algo más grande.

• **Costumbres:** cada pareja ocupa un territorio que defiende encarnizadamente contra otros congéneres. Son arborícolas y terrestres. Es un animal diurno.

• **Tamaño de la jaula:** tendrá dos metros cuadrados de superficie y, aproximadamente, un metro y medio de altura.

• **Acondicionamiento:** igual que para las ardillas estriadas. Es aconsejable colocar una gruesa capa de hojarasca en el suelo.

• **Caja nido:** tendrá 30 x 20 centímetros de superficie y 20 centímetros de alto. Dispondremos de una caja por animal.

• **Tenencia en el exterior:** apenas se ha probado, pero si estos animales se acostumbran con cuidado a las condiciones climatológicas locales y se prepara un refugio abrigado (acceso a la casa), es posible, eventualmente, la tenencia en el exterior. (En el zoo de Hannover, se escapó en su día un tupaya que no solamente sobrevivió durante unas pocas semanas un invierno suave con una salud inmejorable, sino que, además, tuvo tiempo para alumbrar y cuidar a una cría.) Los días de helada debe cerrarse el paso a la jaula exterior.

• **Alimentación:** fruta troceada, pan seco, copos de avena, alimento cárnico en forma de comida para perros e insectos. Los tupayas apresan, matan y devoran animales del tamaño de un hámster dorado.

• **Reproducción:** no hay una época de apareamiento fija. La gestación dura entre 45 y 55 días. Tienen varias camadas al año, con entre dos y cuatro crías por camada.

• **Particularidades:** las hembras de tupaya amamantan a sus crías cada 48 horas, circunstancia que aprovechan las crías para beber hasta reventar. Solamente las parejas que armonizan pueden convivir pacíficamente y procrear. El rechazo mutuo de los animales se manifiesta en roces continuos y en que el pelaje está siempre erizado (sobre todo, la cola). Si se combina una pareja incompatible y/o los animales se tienen en un espacio demasiado reducido, se produce una situación de estrés que puede provocar la muerte de uno de ellos por fallo cardíaco. Los tupayas pueden domesticarse para que coman de la mano.

APÉNDICE

DECLARACIÓN UNIVERSAL DE LOS DERECHOS DEL ANIMAL

Preámbulo

Considerando que la vida es única e irrepetible, que todos los seres vivos tienen un mismo origen y que se han diferenciado en el transcurso de la evolución de las especies.

Considerando que todo ser vivo posee unos derechos naturales, y que todo animal dotado de un sistema nervioso y riego cerebral posee unos derechos propios.

Considerando que el desprecio y el mero desconocimiento de dichos derechos naturales provoca graves atentados contra la naturaleza y conduce al hombre a cometer crímenes contra los animales.

Considerando que la coexistencia de las distintas especies en el mundo hace necesario el reconocimiento por parte de la especie humana del derecho a la existencia de las demás especies animales.

Considerando que el respeto del hombre hacia los animales es inseparable del respeto de los hombres entre ellos mismos.

Se proclama lo siguiente:

Artículo 1º

Todos los animales tienen los mismos derechos a la existencia dentro del marco de los equilibrios biológicos. Esta igualdad no oculta la diversidad de especies y de individuos.

Artículo 2º

Toda vida animal tiene derecho a ser respetada.

Artículo 3º

1. Ningún animal podrá ser sometido a malos tratos ni tampoco a actos de crueldad.

2. Si es necesaria la muerte de un animal, ésta debe ser instantánea, indolora y no generadora de angustia alguna.

3. El cuerpo de un animal muerto debe tratarse con respeto.

Artículo 4º

1. Todo animal salvaje tiene derecho a vivir libre en su propio hábitat natural y a reproducirse.

2. La privación continuada de su libertad, la caza y la pesca como ocio, así como toda utilización de animales salvajes para fines que no sean de necesidad vital, son contrarios a este derecho.

Artículo 5º

1. Todo animal que el hombre tenga bajo su dependencia tiene derecho a ser mantenido y cuidado atentamente.

2. En ningún caso debe ser abandonado ni sacrificado de manera injustificada.

3. Todas las formas de cría y utilización de los animales deben respetar la fisiología y el comportamiento propios de cada especie.

4. Cualquier forma de exhibición, publicidad, espectáculos, películas o vídeos que se sirvan de animales deben respetar su dignidad y no comportar violencia alguna.

Artículo 6º

1. La experimentación con animales que implique sufrimiento físico o psíquico viola los derechos de dicho animal.

2. Los métodos alternativos y sustitutorios deben ser desarrollados y puestos en práctica sistemáticamente.

Artículo 7º

Todo acto que implique la muerte innecesaria de un animal o toda decisión que conduzca a dicho acto constituyen un crimen contra la vida.

Artículo 8º

1. Todo acto o decisión que ponga en peligro la supervivencia de una especie salvaje constituye un genocidio, es decir, un crimen contra la especie.

2. La masacre de animales salvajes, la contaminación y la destrucción de los biotipos son genocidios.

Artículo 9º

1. La personalidad jurídica del animal y sus derechos deben estar reconocidos por la ley a través de entes que los defiendan.

2. La defensa y la salvaguarda del animal deben ser reconocidas y estar representadas en el seno de los organismos gubernamentales.

Artículo 10º

La educación a través de las instituciones públicas o privadas debe llevar al hombre, desde su infancia, a observar, comprender y respetar a los animales.

La Declaración Universal de los Derechos del Animal fue adoptada por la Liga Internacional de los Derechos del Animal (LIDA) y las Ligas Nacionales afiliadas tras la tercera reunión sobre los derechos del animal celebrada en Londres del 21 al 23 de septiembre de 1977. La declaración proclamada el 15 de octubre de 1978 por la Liga Internacional, las ligas nacionales y las personas físicas asociadas a ellas, fue aprobada por la Organización de las Naciones Unidas para la Educación, la Ciencia y la Cultura (UNESCO), y, posteriormente, por la Organización de las Naciones Unidas (ONU).

Ch

D

E

F

G

H

I

J

L

M

TÍTULOS PUBLICADOS EN ESTA COLECCIÓN

Acuario de agua dulce
Agility
Akita inu
Alaskan malamute
Alimentación de su pájaro
American sttaffordshire terrier
Aves de jaula
Basset hound
Bouvier de Flandes
Border collie
Boxer
Bullmastiff y mastiff
Cachorros
Canarios
Carolinas
Chihuahua
Chow-chow
Cocker spaniel inglés
Collie barbudo
Cómo educar a su loro
Cómo educar a su perro
Conejo enano
Dálmata
Dobermann
Dogo alemán
Dogo argentino
Dogo de Burdeos
El comportamiento de los peces
Gatitos
Gatos
Golden retriever
Gos d'atura català
Guía de compra de las razas caninas
Guía práctica de la conducta canina
Hamsters dorado y enano
Husky siberiano
Labrador retriever
Lagartos en terrario
La salud del perro
Las enfermedades de los peces
Leishmaniasis canina
Lhasa apso
Loros, papagayos y periquitos
Mastín del Pirineo
Mastín español
Mastín napolitano
Mi perro envejece
Mi primer perro
Montaña de los Pirineos
Mushing
Pastor de Brie
Pastores belgas
Peces disco
Pequinés
Perdiguero de Burgos
Perro de agua español
Perro mestizo
Perro pastor alemán
Podenco andaluz
Podenco ibicenco
Pomerania
Presa canario y ca de bou
Razas pequeñas
Rottweiler
Samoyedo
San bernardo
Serpientes
Setters inglés y gordon
Setters irlandeses
Shar-pei y mini-pei
Teckel
Terranova
Terrario
Terriers
Tortugas
Yorkshire terrier